U0275301

创新使命

中国在行动

许洪华 等 编著

商务印书馆
创于1897　The Commercial Press

图书在版编目（CIP）数据

创新使命：中国在行动/许洪华等编著. —北京：商务印书馆，2022
（第四次气候变化国家评估报告）
ISBN 978-7-100-20583-2

Ⅰ. ①创… Ⅱ. ①许… Ⅲ. ①气候变化-研究报告-中国 Ⅳ. ①P467

中国版本图书馆 CIP 数据核字（2022）第 007177 号

第四次气候变化国家评估报告

创新使命：中国在行动

许洪华 等 编著

商 务 印 书 馆 出 版
（北京王府井大街 36 号邮政编码 100710）
商 务 印 书 馆 发 行
北 京 冠 中 印 刷 厂 印 刷
ISBN 978-7-100-20583-2

2022 年 6 月第 1 版 开本 787×1092 1/16
2022 年 6 月北京第 1 次印刷 印张 11 1/4
定价：75.00 元

本 书 作 者

指导委员 周大地 研究员 国家发展改革委能源所

张建云 院 士 南京水利科学研究院

领衔专家 许洪华 研究员 中国科学院电工研究所

首席作者

第一章 张 嘉 高级工程师 中国科学院电工研究所

吕 芳 高级工程师 中国科学院电工研究所

第二章 张 嘉 高级工程师 中国科学院电工研究所

许洪华 研究员 中国科学院电工研究所

第三章 胡书举 研究员 中国科学院电工研究所

张 嘉 高级工程师 中国科学院电工研究所

第四章 许洪华 研究员 中国科学院电工研究所

张 嘉 高级工程师 中国科学院电工研究所

第五章 胡书举 研究员 中国科学院电工研究所

艾 琳 教授级高工 水电水利规划设计总院

第六章 许洪华 研究员 中国科学院电工研究所

揭晓蒙 项目主管 中国 21 世纪议程管理中心

主要作者

第一章 马丽云 中国科学院电工研究所

	韩　甜	中国科学院电工研究所
第二章	吕　芳	中国科学院电工研究所
	韦东远	中国科学技术发展战略研究院
	李　苹	中国科学院电工研究所
第三章	李叶茂	深圳建筑科学研究院/清华大学
	马隆龙	中国科学院广州能源研究所
	白　羽	中国科学院广州能源研究所
	付勋波	北京科诺伟业科技有限公司
	王胜平	天津大学
	郭偲悦	中国 21 世纪议程管理中心
第四章	马丽云	中国科学院电工研究所
	贾　莉	中国 21 世纪议程管理中心
第五章	邓　雅	中国科学院电工研究所
	孟岩峰	中国科学院电工研究所
	宋　斌	中国科学院电工研究所
第六章	韦东远	中国科学技术发展战略研究院
	吕　芳	中国科学院电工研究所
	张　嘉	中国科学院电工研究所
	马丽云	中国科学院电工研究所

前　言

加速发展清洁能源特别是可再生能源是实现《巴黎协定》将全球升温控制在 1.5 摄氏度的重要保证。中国化石能源产生的碳排放占全社会碳排放总量的近 90%。大力发展可再生能源是实现碳中和目标的根本。构建以可再生能源为主体的能源系统是中国实现碳中和的现实路径：中国可再生能源资源丰富，完全能够自主满足能源需求；构建以可再生能源为主的能源架构体系，打破现有的世界能源格局，化石能源资源不再是能源格局的决定因素，可使中国的能源供应更安全；以太阳能光伏和风电为代表的中国可再生能源产业在国际上有明显优势。

本报告力图在全球能源转型和应对气候变化的大背景下，对《巴黎协定》框架下提出的全球清洁能源领域合作机制"创新使命"的主要参与国家和地区，包括美国、欧盟、日本等第一阶段任务参与和完成情况进行评估，总结各主要成员国对清洁能源技术发展的促进方向、模式和举措。"创新使命"关于促使五年内在清洁能源领域政府性科技投资翻倍的"倍增计划"大部分成员国没有实现，但"创新使命"大大促进了各国清洁能源研发投入。技术创新和技术进步是促进全球对于减少温室气体排放、增加能源安全和清洁能源使用的主要措施。"创新使命"的"创新挑战"主题任务为清洁能源技术创新提供了重要方向。"创新使命"部长级会议为加强成员国之间的合作提供了平台。和"创新使命"成员国中较大经济体一样，中国也没有实现"倍增计划"，但中国对清洁能源发展极为重视。政府研发投入领跑各成员国，且科技投入增幅大于经济增速。中国在 2021 年明确提出"双碳目标"后，政府特别是国有企业对可再生能源技术的研发投入大幅度提高。

中国目前化石能源比例在 80%以上，以化石能源为主体的现有能源体系已经形成巨量的沉没成本。能源转型过程中既要保证能源安全，又要绿色低碳，还要发展核心技术及促进产业技术进步，经济性更是能源转型期间自始至终的硬约束。不同的转型路径在技术和经济方面差异很大，路径错误可能造成巨大经济损失，甚至丧失发展机遇。中国的能源转型面临巨大挑战。本报告在借鉴国际清洁能源技术发展的基础上，针对中国的具体情况，分析研究了中国未来能源架构、发展路径及技术发展趋势，提出了中国低成本、低碳能源转型的现实路径；提出了关于中国未来清洁能源技术发展方向、发展政策与机制建议。通过梳理现有能源系统中已长期应用的技术、目前要求推广的技术中不适应低成本能源转型的技术和政策，提出了显著降低投资成本的技术和建议。

本报告得到《第四次气候变化国家评估报告》的支持，同时也感谢中国 21 世纪议程管理中心的热心指导与帮助。

本书作者

2021 年 11 月

目　　录

摘　要

　　"创新使命"（Mission Innovation，MI）是 2015 年联合国气候变化大会（COP21）发起的清洁能源领域全球合作机制，旨在"促使五年内清洁能源领域政府性科技投资翻倍，发挥科研—政府—企业—资本之间的桥梁作用，从而加速清洁能源创新"，为支持《巴黎协定》将全球升温控制在 1.5 摄氏度以内做出贡献。"创新使命"已有 24 个国家和欧盟作为成员参加，主要内容包括三大基本行动——"清洁能源政府研发投入倍增计划"、"创新挑战"主题任务和"创新使命"部长级会议。本报告介绍了"创新使命"的有关情况，重点关注三大基本行动的相关活动，并提出了评估结论和建议。

　　"清洁能源政府研发投入倍增计划"作为 MI 1.0 阶段各成员国提出的最重要承诺目标。各国在 MI 1.0 阶段（2016～2020 年）根据各自国情和发展重点，提出在 MI 框架下的清洁能源支持领域及在这些领域的政府科研投入基线和到 2020 年实现倍增的目标。从各成员国确立的五年内清洁能源领域政府性科技投资翻倍的目标、计划和实施情况看，MI 成员国实现整体倍增的可能性不大，仅小部分研发投入体量小的国家可实现。欧盟和德国等投入主体受经济和国内国际形势影响，实现倍增难度较大，大部分国家无法实现倍增计划目标，特别是作为之前倍增目标排名第一的美国由于政府的换届而宣布退出"倍增计划"。尽管如此，MI 各成员国清洁能源投入整体呈上升趋势。"倍增计划"促进了各国清洁能源研发的投入。从 2016～2018 年来看，MI 各成员国研发投入总和呈上升趋势。"倍增计划"的提出对于成员国促进清洁能源的政府研发投入起到了积极的作用。2019 年，在全球应对 COVID-19 进行经济复苏的大环境下，多国已开始向绿色复苏迈进。以太阳能、风能为代表的清洁能源产业发展将成为本轮绿色复苏的强劲动力。

需要特别明确的是，尽管受多重因素影响，中国同其他 MI 成员国中较大经济体一样，实现"倍增计划"的难度较大，但中国对清洁能源发展极为重视。政府研发投入领跑 MI 成员国，且科技投入增幅大于经济增速。中国从 2016 年开始清洁能源政府科研投入经费连续 4 年在 MI 成员国中居首位。2018 年投入经费超过 60 亿美元，占整个 MI 成员国投入的一半。中国"倍增计划"所列重点支持领域的技术发展方向基本按计划推进。清洁能源的科技投入和创新发展不断加强，但对不同清洁能源领域的科研支持力度不同。"十三五"期间，中国政府对于氢能、新能源汽车、智能电网、洁净煤、能源效率等领域的研发投入经费增加幅度较大，在可再生能源领域的研发投入力度较"十二五"时期减少，但该领域企业研发投入增幅较大，行业研发投入总体也有明显提高。

中国现已成为"倍增计划"最重要的投入主体，世界范围内对中国发挥领导力充满期待。在当前错综复杂的国际形势下，中国应顺势而为，体现大国责任担当，共谋全球生态文明建设，深度参与全球环境治理，积极引导应对气候变化国际合作，为加速清洁能源创新以应对气候变化问题上贡献中国智慧、中国方案和中国力量。

"创新挑战"主题任务旨在促进全球对于减少温室气体排放、增加能源安全和清洁能源使用等方面的研发水平，推动成员国实现研发投入"倍增计划"。报告评估了八项"创新挑战"的执行情况，介绍了相关领域的技术发展现状及趋势，并对中外技术的发展情况进行了研判。"创新挑战"各主题任务围绕既定目标开展了国际趋势交流、科技合作及国际平台建设等工作。部分国家投入了支持"创新挑战"领域方向的科研经费促进成员国间开展国际科技合作，取得了一定的成绩。但是，各"创新挑战"工作组的组织管理和运行机制没有统一的安排和部署，也没有设定量化可考核的目标，仅是牵头国按照各自的规划和需求开展，使得"创新挑战"的整体国际影响力和参与度不足，且成员国参与"创新挑战"工作组的代表主要来自政府部门及科研单位，私营机构缺乏有效的参与机制，不利于达成 MI 框架下促进清洁能源产业化推广的目标。因此，报告建议 MI 在后续推动清洁能源重点领域技术创新和产业化工作中，需要借鉴"创新挑战"工作组的管理运行经验，安排部署更高效合理的工作组模式。

"创新使命"部长级会议为常设性全球高级别论坛合作机制，旨在落实2015 年 11 月巴黎气候变化大会期间由各成员国家元首和代表共同发表的《创新使命联合声明》，提升全球清洁能源技术研发和创新的投入，实现 5 年内由政府或政府引导的清洁能源研发投资翻倍，并积极鼓励私人资本对清洁能源转型的投资。会议每年召开一次，由各成员国轮流主办，并和清洁能源部长级会议联合举办。中国 2017 年在北京主办了第二届"创新使命"部长级会议。本报告介绍了已经举行的四届部长级会议的相关情况，总结了清洁能源发展相关情况及趋势：

1. 国际上对清洁能源特别是可再生能源技术发展一如既往地重视；

2. 以技术创新推动能源变革和经济低碳转型成为世界各国的普遍共识和共同行动；

3. 高比例乃至 100%可再生能源是未来能源系统技术发展的主要趋势；

4. 国际社会开展更广泛的合作，以达成巴黎气候变化大会目标。

近年来随着"清洁、低碳、安全、高效"能源体系的构建与完善，中国煤炭消费占比逐渐下降。天然气、核电、水电、风电、太阳能发电等清洁能源消费占比逐步提升。能源消费结构清洁化、低碳化转型加快。过去 5 年间，中国可再生能源开发利用取得明显成效。水电、风电、太阳能发电的累计装机规模连续居世界首位，在能源结构中占比不断提升。作为国家清洁能源转型的重要组成部分和未来电力增量的主体，风电、太阳能发电等快速发展促进了能源转型有序推进。2016～2019 年，中国可再生能源发电装机容量年均增长率约为 12%，可再生能源新增装机容量在总新增装机容量中占比均超过50%，领先化石能源新增装机容量。

截至 2019 年年底，中国风电累计并网装机容量达 21 005 万千瓦，占全球32.3%。装机容量基本达到"十三五"低限目标。中国风电制造业迅速发展，风电整机产量约占全球市场的 40%。2019 年，全球前 15 的制造企业中中国企业超过半数，市场占有率约 1/3。全球陆上风电 10 大整机制造商中，中国企业占据 5 席，合计市场份额占到全球的 38%。

截至 2019 年年底，中国太阳能发电累计装机容量达到 20 474 万千瓦，其中光伏发电累计装机容量 20 430 万千瓦，占全球 35%，装机容量已达到"十三五"低限目标。中国建立了具有国际竞争力的光伏发电全产业链。2019 年多晶硅产量约 34.2 万吨，占全球总产量的 67.3%。光伏组件产量 98.6 吉瓦，超过全球总产量的 70%。过去 10 年光伏发电成本下降幅度超过 80%，上网电价持续降低。

在清洁能源技术科技变革的引领和推动下，新能源汽车市场快速增长，产业链不断完善，在关键部件、充电基础设施等领域不断提升和发展。电动汽车与可再生能源综合应用优势明显。一方面，新能源汽车作为储能，通过智能充电技术和车辆到电网（V2G，Vehicle-to-Grid）技术，实现电网与可再生能源的协调和融合；另一方面，通过新能源汽车应用可再生能源，实现新能源汽车在全生命周期的能源和环境效益。新能源汽车作为汽车行业电动化转型的初期形态，市场规模稳步增长，纯电动汽车续航里程不断提升，能耗指标不断下降，动力电池能量密度、制造工艺、安全管控等技术水平稳步提升。氢能燃料电池汽车代表着汽车产业动力革命可能的终极方向之一，对于改善未来能源结构，发展低碳交通具有深远意义。中国氢燃料电池汽车虽也取得一定发展，但在关键材料、关键零部件和整车集成等方面与国际先进水平仍存在差距,需在氢燃料电池效率、寿命、科学合理布局加氢站建设以及促进可再生能源技术规模化利用等方面多措并举地保障其推广发展。

本报告在系统梳理近年来中国清洁能源尤其是可再生能源产业技术发展态势的基础上,进一步对未来能源架构及发展路径、能源技术特别是可再生能源技术的发展趋势进行了分析判断,给出中国清洁能源技术的发展方向建议,并提出相关的发展机制和政策建议。

能源技术发展路径是从现在化石能源和可再生能源并存,逐步发展为以可再生能源为主的能源架构。预计到 2030 年可再生能源成为主要能源,2050年成为主导能源。可再生能源技术发展趋势如下:

1. 能源转换效率持续提升;

2. 可再生能源发电成本大幅下降;

3. 可再生能源在能源结构中占比不断提高;

4. 多能互补、深度融合。

报告给出了中国未来清洁能源技术的几个发展方向与建议如下:

能源系统技术方面:

1. 中国多能源互补、冷热电联供的源网荷一体化能源规划及发展路径研究;

2. 可再生能源为主的能源架构体系及模块化技术研究;

3. 可再生能源和化石能源系统协同技术;

4. 能源和其他领域融合技术。

不同清洁能源专项技术方面:

1. 可再生能源(太阳能、风能、生物质能、地热能与海洋能)高效规模化利用中的非稳态能量高效低成本获取与转换理论、方法、技术、装备及工程化应用;

2. 氢能制、储、运与应用过程中能量转化理论与调控技术、关键装备和系统集成;

3. 燃煤发电中的高效灵活热功转化的原理、技术、装备与系统集成以及燃煤污染物的协同治理与深度脱除。

通用和支撑技术方面：

1. 清洁能源领域相关材料、元器件及通用设备、信息通信和人工智能技术；

2. 储能技术及设备、系统集成技术研究；

3. 高比例可再生能源并网调控智能电网技术。

支撑行业技术持续发展能力建设方面：

1. 新型能源集成系统研究测试平台；

2. 海上风电公共测试技术研究、设备研制及系统集成技术；

3. 光伏电池及系统的公共研究测试平台；

4. 绿色氢能全链条公共测试技术研究、设备研制及系统集成技术。

本报告总结了中国发展清洁能源技术的机制优势：

1. 对环境、气候变化高度重视，明确提出能源革命的战略构想，清洁、低碳、安全、高效成为发展中国绿色能源技术的基本要求；

2. 形成了国家财政科技投入引领、地方政府积极跟进、企业作为产业创新投入主体的科技创新机制，保证中国清洁能源产业技术的持续进步；

3. 全国一盘棋的管理机制，提高了全社会对清洁能源技术的认识水平，大大促进了新技术的推广和可再生能源技术的规模化利用；

4. 中国有完善的产业链，从 1 到 N 的能力突出，保证了中国清洁能源产品技术的领先地位。

报告最后提出了关于中国清洁能源政策与机制的建议：

1. 确保国家财政对清洁能源科技投入的引领地位，加大投入力度和统筹协调，推进资源的优化配置，提高利用效率；

2. 根据清洁能源技术发展趋势，制定中国未来清洁能源技术发展的路线图，明确不同的能源种类在未来能源架构中的地位和作用；

3. 打破既有利益格局，从国家和全行业层面按技术经济性最优原则，充分利用不同清洁能源种类的特性，科学合理发挥各种能源的作用；

4. 完善支撑产业可持续发展的可再生能源技术创新体系；

5. 高度重视可再生能源技术的发展，设立 2030 可再生能源重大工程项目。

趋势决定未来。可再生能源时代的到来不可阻挡，化石能源和智能电网需要适应高比例可再生能源的快速发展趋势。中国在清洁能源技术方面取得了举世瞩目的巨大成就，但可再生能源等产业也存在过度竞争、基础研究不足、原创技术缺乏、技术同质化严重、行业公共支撑体系不健全等问题，需要正视这些不足，进一步加大研发力度和规范产业健康发展。清洁能源是各国战略必争的高新技术领域，需要进一步明确发展战略和发展路径，打破既有利益格局，按未来不同能源的技术经济性确定或改变定位，制定科学合理的规划及政策。相信中国在清洁能源领域面临的问题都是发展中的问题。中国清洁能源技术的明天会更好！

第一章 关于"创新使命"

　　"创新使命"（Mission Innovation，MI）是 2015 年"联合国气候变化大会"（The 21st United Nations Climate Change Conference，COP21）发起的清洁能源领域全球合作机制，已有 24 个国家和欧盟作为成员参加，旨在"促使五年内清洁能源领域政府性科技投资翻倍，发挥科研—政府—企业—资本的桥梁作用，从而加速清洁能源创新"，为支持《巴黎协定》将全球升温控制在 1.5 摄氏度以内做出贡献。

　　"创新使命"包括三大基本行动——"清洁能源政府研发投入倍增计划""创新挑战"（Innovation Challenge，IC）主题任务和"创新使命"部长级会议。

　　"清洁能源政府研发投入倍增计划"指各成员国承诺五年内在清洁能源领域政府性科技投资翻倍；"创新挑战"主题任务指各成员国为了对特定的技术领域进行率先突破而联合启动的技术方向，旨在促进全球对于减少温室气体排放、增加能源安全和清洁能源使用等方面的研发；"创新使命"部长级会议指常设性全球高级别论坛合作机制，由各成员国轮流主办，提供了一个各国在 MI 框架下开展清洁能源领域技术创新和产业化推广的合作平台。

第一节 "创新使命"倡议提出的背景

　　2015 年 10 月，美国副国务卿、气候变化特使、能源部长、驻华大使通过中国科技部、发展改革委、外交部及中国驻美使馆等多渠道做中方工作，邀请中国加入其主导的"创新使命"倡议，并在联合国气候变化巴黎大会上宣布。经国内多轮协商沟通，科技部在会签外交部、发展改革委后，向国务院上报的《关于加入"创新使命"倡议并在联合国气候变化巴黎大会上与美、法、印等国共同发表〈创新使命联合声明〉的请示》获批准。

2015 年 11 月 30 日，科技部万钢部长以习近平主席代表身份出席了《联合国气候变化框架公约》第 21 次缔约方会议开幕式期间举行的"创新使命"倡议启动仪式。来自澳大利亚、巴西、加拿大、智利、中国、丹麦、法国、德国、印度、印度尼西亚、意大利、日本、韩国、墨西哥、挪威、沙特阿拉伯、瑞典、阿联酋、英国和美国 20 国代表共同宣布《创新使命联合声明》。

《创新使命联合声明》（以下简称《声明》）的目的是为了促进经济增长，提供经济可靠的能源，保障能源安全，应对气候变化。MI 成员国将加速清洁能源创新，实现技术突破和成本削减，以便提供经济、可靠的清洁能源解决方案，并在未来 20 年及更长的时间里，实现对全球能源系统的彻底变革。《声明》的主要内容包括：成员国寻求五年内清洁能源研发的政府或政府引导投资翻倍；发挥私营部门和商业部门在清洁能源投资上的引领作用；采取透明、高效的方式实施"创新使命"；共享各国的清洁能源研发活动的信息。

目前该机制由包含 24 个国家及欧盟在内的共 25 个成员组成。24 个成员国家分别是中国、澳大利亚、奥地利、巴西、加拿大、智利、丹麦、芬兰、法国、德国、印度、印度尼西亚、意大利、日本、墨西哥、摩洛哥、挪威、韩国、沙特阿拉伯、瑞典、荷兰、阿联酋、英国、美国。MI 成员组织的人口占全球 58%，GDP 占全球 70%，政府对于清洁能源的研发投入占全球 80%。在"创新使命"的倡议下，比尔·盖茨等 10 个国家的 28 名投资者组成了"能源技术突破联盟"，承诺投资于早期技术的研发，促进全球清洁能源技术的商业化和部署。

在 MI 倡议下，每个 MI 成员国将根据本国资源、需求和国情，独立制定清洁能源创新融资战略。MI 成员国也鼓励其他合作伙伴国基于互惠互利原则参与国际合作。

第二节 "创新使命"的组织架构及各国参加情况

"创新使命"的组织架构如图 1–1 所示，由各成员国相关部长指派组成指导委员会。指导委员会下设秘书处，并下设分析与联合研究、商业投资、部长级会议策划三个工作组。

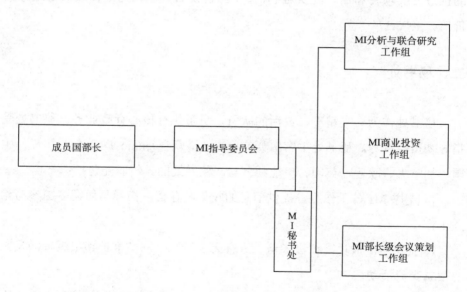

图 1–1 "创新使命"的组织架构

一、指导委员会

指导委员会成员国没有数量限制，目前包括 13 个国家。各国指派代表作为指导委员会委员，每两年换届一次。换届选举采取成员国自愿申请制。有意愿加入的国家提出申请，获得其他指导委员会成员国认可后可正式加入；已加入的成员国如果不自愿退出则可以继续作为指导委员会成员。指导委员会主席在各国的执导委员会委员中选举产生。指导委员会通过以下方式提供高级别战略指导意见：

1. 指导委员会内部达成共识后，公开透明地向全体成员提供建议，包括公开所有讨论的会议记录（成员可就指导委员会的建议提出不同意见）。

2. 必要时创建工作分组落实具体任务；推动落实宣传与外联战略；帮助推进各类项目和活动的实施；确保"创新使命"倡议为全体成员创造最大价值。

二、秘书处

秘书处作为一支精干、灵活的队伍，负责执行核心行政业务。秘书处受指导委员会领导。秘书处主席由英国珍妮·道森（Jennie Dodson）担任，中国、加拿大、欧盟、英国、奥地利参与。秘书处的具体职能包括：

1. 支撑 MI 各工作组，提供信息的收集和存档，指导与协调多国参与相关工作；

2. 促进 MI 成员国积极参与，进行会议组织、网站维护和出版物的发布等信息交流活动；

3. 支撑 MI 指导委员会，针对 MI 需求和合作机遇与外部组织和专家沟通与协调。

三、分析与联合研究工作组（Analysis and Joint Research，AJR）

本工作组为 MI 核心工作组，秘书处设在英国，由英国和加拿大共同领导。工作组的职能主要是联合研究与能力建设。基于共同利益的联合研究与能力建设合作，有助于综合利用各成员国知识、能力和资源，促进清洁能源创新发展。成员们可以：

1. 推广通用原则和优秀实践；

2. 遴选、推广和利用可用的合作平台，分享技术专长；

3. 推动在共同关切的领域建立跨国研究伙伴关系，同时更高效、更有效地加强全球整体的能力建设。

本工作组重点组织推进八项"创新挑战"主题任务。

四、商业投资工作组（Business and Investor Engagement，BIE）

本工作组引导私营投资部门积极参与清洁能源创新，增强各领域与相关投资方的合作关系，提升 MI 的国际影响力，吸引并鼓励对新兴技术的投资，扩展并加强创新的渠道，将最有前景的理念迅速转化为市场效益。目前正在开展的具体工作内容包括：

1. 寻找国际对于 MI 创新挑战领域有投资意愿的私营投资者和基金；

2. 制定政府和私营部门对于 MI 资助的机制政策；

3. 与世界经济论坛（World Economic Forum，WEF）合作，将潜在的私营投资方与 MI 和 IC 建立联系；

4. 利用评奖的平台，寻找政府引领和私营部门融入的创新机制；

5. 邀请私营企业的首席技术官（Chief Technology Officer，CTO）、政府、科研机构人员参与研讨会，政府引导私营资本与技术对接。

五、部长级会议策划工作组（Ministerial Planning Team，MPT）

本工作组负责为每年的创新使命部长级会议提供战略上和外交上的监管。部长级会议策划组每年由主办国主席领导，并直接向 MI 指导委员会报告。工作遵循三个原则：

协作：跨 MI 各部门工作，与指导委员会、秘书处、外部合作伙伴以及清洁能源部长级会议秘书处合作；

透明：促进与利益相关者的公开、双向对话和信息共享；

包容：确保在规划过程中征询所有成员的意见。

"创新使命"倡议发布后，主要由欧盟、英国和加拿大等西方成员牵头推动。第一届和第二届指导委员会主席由欧盟和加拿大的代表担任，2019 年 5 月换届。现任 MI 指导委员会主席和 MI 秘书处主席均由英国代表担任。随着担任指导委员会主席，英国已经开始取代美国在 MI 的主导地位。指导委员会下设的分析与联合研究、商业投资及部长级会议策划三个工作组目前都由英国、加拿大、美国等西方等成员牵头组织。目前指导委员会主席由英国约翰·劳德黑德（John Loughhead）担任。指导委员会由中国、智利、加拿大、欧盟、美国、英国、墨西哥、沙特阿拉伯、印度、瑞典、澳大利亚和法国等 13 个国家和组织组成。

中方于 2016 年正式加入 MI 指导委员会，2019 年加入 MI 秘书处。国家科技部国际合作司陈霖豪副司长作为指导委员会委员，中国科学院电工研究所受国家科技部国际合作司委托派代表担任秘书处成员，深度参与"创新使命"2020 年以后第二阶段（2020～2030 年）工作规划的制定，增强了中国在 MI 倡议的参与度。

第三节 "创新使命"的发展历程

"创新使命"倡议从 2015 年正式启动，到 2020 年即将完成第一阶段的实施（MI 1.0）。它的发展历程始于第 21 届联合国气候变化大会，以技术创新为引领，应对气候变化，与历届联合国气候变化大会紧密联系，并积极与世界经济论坛、突破能源联盟及世界银行等组织开展联合行动，扩大国际影响。

具体的发展历程和关键里程碑如图 1-2 所示。2015 年 MI 正式启动，20个国家作为创始国共同加入。2016 年 6 月，首届"创新使命"部长级会议在美国旧金山举行。会上欧盟成为第 21 个 MI 成员。同年 11 月，在马拉喀什举行的《联合国气候变化框架公约》第二十二届缔约方大会（COP22）上，宣布芬兰和荷兰成为第 22 和 23 个 MI 成员，并发起七项"创新挑战"。2017年 6 月，第二届"创新使命"部长级会议在北京举行，发布《MI 行动计划》，宣布与世界经济论坛合作。同年 12 月，在巴黎举办的"一个地球"峰会上，宣布与"突破能源联盟"合作。2018 年，MI 参与世界经济论坛年会和清洁能源融资会，推进 MI 发展。同年 5 月，第三届"创新使命"部长级会议在马尔默举行，宣布奥地利成为第 24 个 MI 成员，同时还宣布与国际能源署和国际可再生能源署合作，并启动第八项创新挑战——"绿色氢能"。12 月，第24 届联合国气候变化大会（COP24）期间，MI 清洁能源创新边会举行。2019年 5 月，第四届"创新使命"部长级会议在温哥华举办，宣布摩洛哥成为第25 个 MI 成员，同时还宣布与世界银行和全球市长联盟合作。2020 年，MI继续致力于加速清洁能源创新步伐，即将召开第五届"创新使命"部长级会议，积极迈向 MI2.0 阶段。

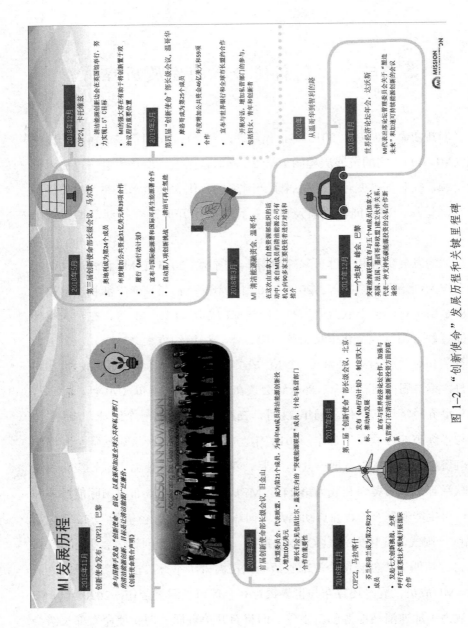

MI发展历程

2015年11月
创新使命发布，COP21，巴黎

- 参与国携手发起"创新使命"倡议，以重要和加速全球公共和私营部门的清洁能源创新，并将着让清洁能源惠及更多部门。
- 《创新使命联合声明》

2016年6月
首届创新使命部长级会议，旧金山

- 欧盟委员会、代表成为第21个成员。成为MI成员的部门投入增加10亿美元。
- 部长们公布包括比尔·盖茨在内的"突破能源联盟"成员，讨论与私营部门合作的重要性。

2016年11月
COP22，马拉喀什

- 芬兰和荷兰加入成为第22和23个成员。
- 发起七大创新挑战，全球呼吁在重大技术领域开展国际合作。

2017年6月
第二届"创新使命"部长级会议，北京

- 发布《MI行动计划》，制定四大目标，推动MI发展。
- 宣布与世界经济论坛合作，加强与清洁能源投资方面的联系。
- 私营部门在清洁能源创新投资方面的联系。

2017年12月
"一个地球"峰会，巴黎

- 突破能源联盟设立五个新的基金加拿大、英国、法国、墨西哥和欧盟建立伙伴关系。代表一种支持低碳解决方案的合作路径。

2018年3月
MI清洁能源投资会，温哥华

- 在这次由加拿大自然资源部组织的活动中，来自MI成员和清洁能源公司有机会向90多家主要投资者进行对话和推介。

2018年5月
第三届创新使命部长级会议，马尔默

- 奥地利成为第24个成员。
- 年度增加公共资金31亿美元39项合作。
- 履行《MI行动计划》。
- 宣布与国际能源署和国际可再生能源署合作。
- 启动第八项创新挑战——清洁可再生氢能。

2018年12月
COP24，卡托维兹

- 清洁能源创新迎会在英国顺利举行，努力实现5°C目标。
- MI的强大存在有助于将创新置于政治议程的更重位置。

2019年5月
第四届"创新使命"部长级会议，温哥华

- 摩洛哥成为第25个成员。
- 年度增加公共资金46亿美元59项合作。
- 宜布世界银行和全球市长盟约的合作。
- 开展对话、增加私营部门的参与，包括妇女、青年和创新者。

2020年
从温哥华到智利的征程

2018年1月
世界经济论坛年会，达沃斯

- MI代表出席全球管理委员会关于"塑造未来"和加速可持续能源创新的会议。

图 1-2 "创新使命"发展历程和关键里程碑

资料来源："创新使命"影响力报告（*Mission Innovation Impact Report*），www. mission-innovation. net, 2019 年 5 月。

第二章　清洁能源研发投入"倍增计划"

清洁能源研发投入"倍增计划"作为 MI 1.0 阶段各成员国提出的最重要承诺目标，指各国在 MI 1.0 阶段（2016～2020 年）根据各自国情和发展重点，提出在 MI 框架下的清洁能源支持领域及在这些领域的政府科研投入基线和到 2020 年实现倍增的目标。成员国确定各自的清洁能源支持领域后一般将 2015 年研发投入作为基线，也有成员国以 2016 年之前的若干年研发投入平均值作为基线，2020 年完成基线额度两倍的增长目标。

第一节　"倍增计划"的整体情况

成员国于 2016 年开始提交各自的国家报告，说明各自的清洁能源研发投入倍增计划，包括以下几方面内容：

1. MI 国家支持清洁能源的领域范围；

2. MI 国家倍增的基线年份和投入经费；

3. 倍增年份、经费目标和时间计划；

4. 阐述清洁能源政府研发和示范投入的基线与未来增长的路径。

需要说明的是，在"创新使命"框架下，各成员国"倍增计划"所涵盖的清洁能源领域并不尽相同，如图 2-1 所示。从图中可以看出，可再生能源和储能领域是 2 个被所有 23 个成员国聚焦涵盖的领域，电网技术只有 1 个国家没有被涵盖。核能是被最少国家（8 个）纳入支持的清洁能源领域范围，其次是化石能源洁净利用技术，在 23 个国家中被 12 个国家纳入。

	澳大利亚	巴西	加拿大	智利	中国	丹麦	欧盟	芬兰	法国	德国	印度	印度尼西亚	意大利	日本	沙特阿拉伯	墨西哥	荷兰	挪威	韩国	瑞士	阿联酋	英国	美国
工业和建筑	●	●	●	●	●	●	●		●	●	●	●	●	●	●	●	●	●	●	●	●	●	●
汽车和其他交通领域	●	●	●	●	●	●	●	●	●	●	●	●		●	●	●		●	●	●	●		●
生物燃料及其他生物质能	●	●	●			●	●	●	●	●	●	●	●			●	●	●	●	●	●	●	●
太阳能、风能及其他可再生能源	●	●	●	●	●	●	●	●	●	●	●	●	●	●	●	●	●	●	●	●	●	●	●
核能	●	●	●		●											●			●			●	●
氢能和燃料电池	●	●	●		●	●	●	●	●	●	●			●	●	●	●	●	●			●	●
洁净煤		●	●		●	●		●		●	●	●			●		●		●				●
碳捕集、利用与封存	●	●	●		●	●	●		●	●	●	●		●	●	●	●	●	●		●	●	●
电网技术	●	●	●	●	●	●	●	●	●	●	●	●	●	●		●	●	●	●	●	●	●	●
储能	●	●	●	●	●	●	●	●	●	●	●	●	●	●	●	●	●	●	●	●	●	●	●
能源基础研究	●		●				●		●	●	●	●	●	●	●		●	●		●	●		●

图 2–1 各成员国在“创新使命”框架下的清洁能源支持领域①

注：以上指标仅代表重点研发领域，不能代表一个国家完整研发体系。

首批 23 个成员的清洁能源研发投入“倍增计划”的总和为基线 149 亿美元（见表 2–1），五年倍增目标 298 亿美元。其中美国第一，基线为 64 亿美元，倍增目标为 128 亿美元；其次是中国，基线 38 亿美元（250 亿元人民币），倍增目标 76 亿美元（500 亿元人民币）；欧盟提出的基线和倍增目标分别是 11 亿美元和 22 亿美元，居第三位。

自 2017 年开始，每年年中 MI 会发布更新版的成员国国家报告，更新各成员国研发投入数据和清洁能源战略政策动向。2017 年国家报告中，欧盟更为细化地阐述了实现倍增的路径。而作为之前倍增目标排名第一的美国却由于政府的换届宣布重新审核倍增计划的政府支持额度，并且不再公布相关研发投入数据。中国对于支持的清洁能源领域范围进行了调整，并补充了发布

① 图中所列为 MI 各成员国 2016 年提交国家报告中明确的各国清洁能源支持范围，后个别国家略有调整。

的清洁能源相关科技政策。2018 年和 2019 年国家报告中，更多成员国公布了最新研发投入数据、清洁能源科研项目支持情况及国家战略部署等。受 COVID-19 影响，截至 2020 年 7 月 MI 尚未发布 2020 年国家报告。

表 2-1　"创新使命"各成员的倍增基线（2016 年提出）

序号	成员	基线（百万/年）	基线（百万美元/年）
1	美国	6 415 美元	6 415
2	中国	25 000 人民币	3 800
3	欧盟	989 欧元	1 111
4	德国	450 欧元	506
5	法国	440 欧元	494
6	韩国	490 美元	490
7	日本	45 000 日元	410
8	加拿大	387 加拿大元	295
9	英国	200 英镑	290
10	意大利	222.6 欧元	250
11	巴西	600 巴西雷亚尔	150
12	挪威	1 132 挪威克朗	140
13	荷兰	100 欧元	113
14	澳大利亚	104 澳大利亚元	78
15	沙特阿拉伯	281.3 沙特里亚尔	75
16	印度	4 700 印度卢比	72
17	芬兰	54.9 欧元	58
18	丹麦	292 丹麦克朗	45
19	墨西哥	20.71 美元	21
20	印度尼西亚	16.7 美元	17
21	瑞典	134 瑞典克朗	17
22	阿拉伯联合酋长国	10 美元	10
23	智利	4.185 6 美元	4
	总计		14 861

第二节　成员国"倍增计划"及实施情况

一、中国

（一）"倍增计划"的制定

中国在"倍增计划"的制定过程中，首先确认了 MI 框架下清洁能源领域的支持范围，并针对此范围开展了"十二五"期间政府研发投入经费的调研和数据分析，以此确定了中国倍增基线和目标。计划还对实现倍增的经费来源、总体路径及重点技术方向进行了分析。

1. MI 框架下清洁能源领域范畴

基于国际上 MI 成员国对清洁能源领域范围的确定，以及参照中国政府部门和《国民经济行业分类标准》（GB/T 4754—2017），通过能源技术领域与能源行业专家的充分研讨，按中国政府定义的清洁能源领域分类，调研了七个领域，分别是能源效率、化石燃料的清洁利用、可再生能源、核裂变与聚变、氢能和燃料电池、电力和储能技术以及跨领域技术。各领域又包含不同的技术方向，共 30 个技术方向，涵盖范围相对较广（见表 2-2）。在充分调研的基础上，中国确定了在 MI 框架下支持的 11 项支持领域中清洁能源领域支持的九项作为 MI 涵盖领域，分别是工业与建筑节能、交通、可再生能源、核能、氢能和燃料电池、清洁化石燃料、碳捕集和利用、电网以及储能。

表 2-2　中国清洁能源涵盖的领域范围

领域范围	技术方向范围
能源效率	工业
	民用和商用建筑
	交通
	其他能效

续表

领域范围	技术方向范围
化石燃料的清洁利用	石油和燃气
	煤炭
	碳捕集、利用和储藏
	其他化石燃料
可再生能源	太阳能
	风能
	海洋能
	生物燃料
	地热能
	水电
	其他可再生能源
核裂变与聚变	核裂变
	核聚变
	其他核能技术
氢能和燃料电池	氢能
	燃料电池
电力和储能技术	电力生产
	输电配电
	储能（非传输方式）
	其他电力和储能技术
跨领域技术	电动汽车
	能源贮藏
	智能电网
	能源系统分析
	基础能源研究
	其他跨领域研究

2. "倍增计划"基线和目标的确定

为科学确定中国倍增计划基线数据，2016年国家科技部组织对国家部委和能源领域央企开展了"十二五"期间清洁能源研发投入的经费调研。调研单位包括国家部委19家，央企38家，调研名单见附录一。调研涵盖中国MI框架下清洁能源支持的全部领域范畴。调研经费来源包括中央政府和中央企业科研投资两方面。国家科技部、国家自然科学基金委等主要的研发投入部委给出的经费统计数据是整个"十二五"期间的，并未按照年度划分，因此本次数据统计结果为"十二五"期间科研经费投入总额，统计结果见表2-3。

表2-3   "十二五"期间国家部委和央企各清洁能源领域的科研经费投入额

领域范围	"十二五"期间（2011～2015年）（单位：亿元）		
	政府投入	中央企业投入	合计
能源效率	8	18	26
化石燃料的清洁利用	28	429	457
可再生能源	32	233	265
核裂变与聚变	60	121	181
氢能和燃料电池	4	2	6
电力和储能技术	70	89	159
跨领域技术	22	87	109
其他清洁能源项目	7	6	13
合计	231	985	1 216

依据本次调研和数据分析结果，中国确定了MI"倍增计划"基线为"十二五"期间（2011～2015年）国家部委和中央企业清洁能源领域研发投入总量的年平均值，约250亿人民币（约合38亿美元）。"倍增计划"目标为到2020年，实现500亿人民币（约合76亿美元）的清洁能源研发投入。

根据中国的国情，政府科研投入包含国家部委和中央企业两部分组成。

国家部委的投入占比为19%，央企的投入占比为81%。"十二五"期间从部委和央企的总投入来看，对于八个领域的投入占比，最高的是化石燃料的清洁利用，占37%。这与中国能源消费结构以煤为主有着密切关系。可再生能源占比第二，达22%。核能占比第三，达15%。这也彰显了中国对于能源结构转型的意愿，大力推进煤炭等化石燃料清洁高效利用，着力发展非煤能源，形成煤、油、气、核、新能源、可再生能源多轮驱动的能源供应体系。跨领域技术中智能电网和电动汽车逐步受到国家的重视，在"十二五"期间予以较大的支持，也是未来清洁能源重要的领域方向。

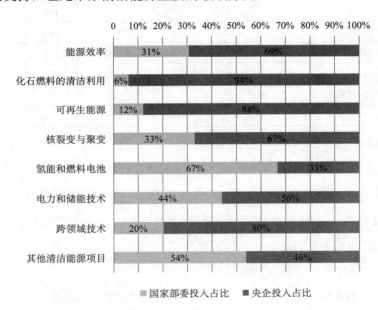

图2-2　中国"十二五"清洁能源研发投入国家部委和央企的占比

3．"倍增计划"的主要经费来源

中国"倍增计划"政府投入资金主体是国家科技部。部委经费来源主要包括"十三五"科技部统一管理的相关研发计划项目经费、科技部统一管理的其他科技专项及其他中央部委的项目经费。中央管理的国有企业对于部委科研项目的配套经费以及自主设立的科研项目经费也属于本倍增计划的一部分。

表2–4　中国"十二五"清洁能源研发投入各领域的比重分析

MI清洁能源支持领域	部委投入		央企投入		合计	
	金额（亿元）	各领域占比	金额（亿元）	各领域占比	金额（亿元）	各领域占比
能源效率	8	3%	18	2%	26	2%
化石燃料的清洁利用	28	12%	429	44%	457	38%
可再生能源	32	14%	232	24%	264	22%
核裂变与聚变	60	26%	122	12%	182	15%
氢能和燃料电池	4	2%	2	0.2%	6	0.50%
电力和储能技术	70	30%	89	9%	159	13%
跨领域技术	22	10%	87	9%	109	9%
其他清洁能源项目	7	3%	6	1%	13	1%
合计	231		985		1 216	

（1）"十三五"科技部统一管理的相关研发计划

中央各部门管理的科技计划（专项、基金等）、新确立的研发计划中国家重点研发计划、国家重大专项、国家自然科学基金、技术创新引导专项（基金）、基地和人才专项等与清洁能源有密切关系。

（2）科技部统一管理的其他科技专项

2016～2017年，国家科技部统一管理的"十二五"期间的研发计划还有部分项目在继续执行，包括973计划、国家重大科学研究计划、863计划、国家科技支撑计划、政策引导类科技计划及专项、国际科技合作、创新人才推进计划等。

（3）其他中央部委

中国科学院、国家能源局专项、国家能源应用技术研究及工程示范项目、国资委专项基金、工信部电子信息产业发展基金等。

（4）中央管理的国有企业的相关计划（项目）

中央管理的国有企业是承担相关研发计划的重要力量，其对于研发计划的配套资金支持也属于本"倍增计划"的一部分。同时，这些企业还会根据行业、技术发展趋势，自主设立清洁能源领域的相关研发项目。

4."倍增计划"的总体路径分析

分两种情景对于倍增的路径进行了分析。情景一根据中国五年财政计划的实际国情，参照"十二五"科研数据调研统计方法，"十三五"期间需要实现平均每年 500 亿人民币的投入，合计 2 500 亿人民币的科研投入。情景二参照美国及欧盟的倍增路径，按照科研投入的年平均增长率为 15%，实现 2020 年 500 亿人民币的倍增目标。详见图 2–3 和图 2–4。

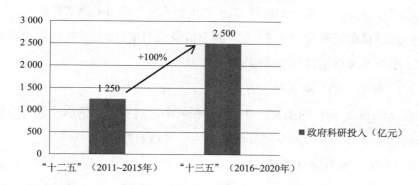

图 2–3　中国政府（部委和央企）清洁能源研发投入倍增总体路径（情景一）

表 2–5　"十三五"期间中国政府（部委和央企）清洁能源研发投入量（情景二）

年份	2016	2017	2018	2019	2020	合计
经费投入（亿元）	255	335	420	460	500	1 970
增长率（%）	2	31	25	10	9	15（平均增长率）

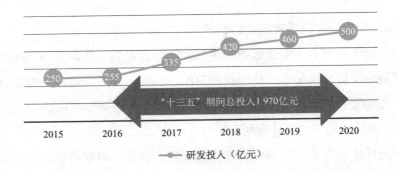

图2-4 中国政府（部委和央企）清洁能源研发投入倍增总体路径（情景二）

鉴于中国按五年为一个周期制定财政经费规划，中央部委一般在五年计划的初始三年研发投入的力度较大，因此确定主要按情景一确立中国倍增计划的路线和目标。情景一和情景二相比"十三五"期间中国清洁能源政府投入的研发经费总量要达到2 500亿，高于情景二的1 970亿。按情景一进一步加大了中国实现倍增目标的难度。

5. "倍增计划"重点技术方向及"十三五"目标及计划

在MI框架下中国清洁能源支持的领域中，对实现"倍增计划"的重点领域制定了"十三五"的发展目标和优先发展技术方向。

（1）化石燃料的清洁利用

"十三五"期间，关于化石燃料的清洁利用方面，国家重点研发计划部署了"煤炭清洁高效利用和新型节能技术"专项，"以控制煤炭消费总量，实施煤炭消费减量替代，降低煤炭消费比重，全面实施节能战略为目标，进一步解决和突破制约中国煤炭清洁高效利用和新型节能技术发展的瓶颈问题，全面提升煤炭清洁高效利用和新型节能领域的工艺、系统、装备、材料、平台的自主研发能力，力争取得基础理论研究的重大原创性成果，突破重大关键共性技术，并实现工业应用示范。"

优先发展的技术方向包括：煤炭高效发电、煤炭清洁转化、燃煤污染控制、二氧化碳捕集利用与封存（Carbon Capture, Utilization and Storage,

CCUS）、工业余能回收利用、工业流程及装备节能以及数据中心及公共机构节能等优先发展技术方向，进而推进化石燃料的清洁利用的共性关键技术研发与应用示范。具体技术方向见附录二。

（2）可再生能源

可再生能源形式主要包括太阳能、风能、生物质能、地热能和海洋能等，具有资源潜力大、可持续利用、开发利用的环境影响小等特点。氢能是可再生能源大规模利用的一种新型载体，具有可大规模储存、输运便捷、清洁环保等特点。可再生能源的发展趋势是将从目前的补充和替代能源发展到主流能源，逐步成为未来的主导能源乃至构建100%的可再生能源系统。

"十三五"期间，关于可再生能源和氢能方面，国家重点研发计划部署了"可再生能源和氢能技术"专项，其总体发展目标是：大幅提升中国可再生能源自主创新能力；加强风电、光伏等国际技术引领；掌握光热、地热、生物质、海洋能等高效利用技术；推进氢能技术发展及产业化；支撑可再生能源大规模发电平价上网、大面积区域供热、规模化替代化石燃料，为能源结构调整和应对气候变化奠定基础。

优先发展的技术方向包括太阳能、风能、生物质能、地热能与海洋能、氢能、可再生能源耦合与系统集成技术六个创新链技术方向。具体见附录三。

（3）核裂变与聚变

"十三五"期间，关于核能技术方面，国家重点研发计划部署了"核安全与先进核能技术"专项，其总体发展目标是与已有核能项目相互衔接，瞄准国际发展前沿，围绕核安全科学技术、先进创新核能技术两个方向，开展核能内在规律与机理研究，突破"瓶颈"与关键技术，开展前瞻性研究，从基础研究、重大共性关键技术研究到典型应用示范全链条布局，推动中国核能技术水平的持续提高和创新，促进向核能强国的跨越。

优先发展的技术方向包括核安全科学技术、先进创新核能技术两个创新链技术方向。具体见附录四。

6. 跨领域技术

"十三五"期间，跨领域技术主要包括智能电网、新能源汽车等两个领域。具体如下：

（1）智能电网

"十三五"期间，关于智能电网技术方面，国家重点研发计划部署了"智能电网技术与装备"专项，其总体发展目标是持续推动智能电网技术创新、支撑能源结构清洁化转型和能源消费革命，从基础研究、重大共性关键技术研究到典型应用示范全链条布局，实现智能电网关键装备国产化。到2020年，实现中国在智能电网技术领域整体处于国际引领地位。

优先发展的技术方向包括：围绕大规模可再生能源并网消纳、大电网柔性互联、多元用户供需互动用电、多能源互补的分布式供能与微网、智能电网基础支撑技术五个创新链技术方向。具体见附录五。

（2）新能源汽车

"十三五"期间，关于新能源汽车技术方面，国家重点研发计划部署了"新能源汽车技术"专项。其总体发展目标是继续深化实施新能源汽车"纯电驱动"技术转型战略；升级新能源汽车动力系统技术平台；抓住新能源、新材料、信息化等科技带来的新能源汽车新一轮技术变革机遇，超前部署研发下一代技术。到2020年，建立起完善的新能源汽车科技创新体系，支撑大规模产业化发展。

优先发展的技术方向包括围绕动力电池与电池管理系统、电机驱动与电力电子、电动汽车智能化技术、燃料电池动力系统、插电/增程式混合动力系统和纯电动力系统六个创新链技术方向。具体见附录六。

（二）中国MI"倍增计划"的实施情况评估

项目组通过调研和测算分析，提出了中国的"倍增计划"基线和目标后，2016年开始每年跟踪统计中国实际清洁能源政府投入金额并上报MI秘书处。

根据 MI 秘书处最新发布的国家报告和项目组最近的统计分析结果,截至 2019 年中国 MI 框架下各清洁能源领域研发投入情况如表 2–6 所示。其中 2016~2018 年研发投入实现稳步增长。受中国按照五年计划进行中央科技经费支出模式的影响,2019 年投入有所下降,但四年的平均增长幅度为 12.5%,高于国民经济的增速。根据中国的实际经费投入模式,按照情景一平均每年投入 500 亿人民币的路径进行实施情况评估,到 2019 年中国"十三五"期间累计投入的清洁能源研发经费应达到 2 000 亿元人民币,但实际投入的总体经费为 1 406 亿元人民币,存在较大缺口。同时,"十三五"清洁能源重点领域的科技研发按照计划实施,预期可实现既定的技术发展目标。具体评估结论如下:

1. 受多重因素影响,中国实现"倍增计划"的难度较大。2019~2020 年为"十三五"末期,科技经费支出额度与"十三五"前中期相比有所降低,并且 2020 年受 COVID-19 影响,对于清洁能源的科技经费进一步压缩,为最终完成"倍增计划"的目标造成不利影响。即使按照情景二,年平均增长率要达到 15%,按照实际投入情况来看依旧有一定差距。

2. 中国对清洁能源发展极为重视,政府研发投入领跑 MI 成员国,且科技投入增幅大于经济增速。在美国宣布退出"倍增计划"承诺的情况下,中国从 2016 年开始清洁能源政府科研投入经费连续四年保持在 MI 成员国中首位。2018 年投入经费超过 60 亿美元,占整个 MI 成员国投入的一半,体现了对于清洁能源领域的重视程度,并在 MI 中产生广泛和积极的影响。四年平均 12.5% 的增长幅度也明显高于经济增长速度。

3. 中国"倍增计划"所列重点支持技术发展方向基本按计划推进。清洁能源的科技投入和创新发展不断加强。中国计划启动"智能电网"和"煤炭清洁高效利用"科技创新 2030 重大项目。国家在 2030 年前将要提供数百亿的国拨经费支持其发展。智能电网技术为清洁能源的发展提供了大规模接入电网的技术保障。洁净煤技术的灵活性发电技术、煤转化技术为清洁能源发展提供了巨大的市场发展空间。

4. 中国中央政府对不同清洁能源领域的科研支持力度不同。其他清洁能源领域"十三五"投入经费明显增加，可再生能源的中央政府投入研发经费明显降低。中国在"十三五"阶段，对于氢能、智能电网、能源效率等领域投入经费增加幅度较大，而"可再生能源和氢能"重点专项 2018 年才正式启动，并且在经费分配上可再生能源领域投入大幅缩减，氢能大幅提升，因此对可再生能源领域"十三五"阶段整体支持力度较低。但可再生能源的研发总投入并没有降低，主要是产业界的投入在加强。作为清洁能源的重要领域之一，中央政府应更加重视可再生能源领域的技术创新，以积极推动实现中方对于气候变化的碳减排承诺。

表 2–6　"十三五"期间国家部委各清洁能源领域的科研经费投入额

（单位：亿元人民币）

领域范围	2015 年	2016 年	2017 年	2018 年	2019 年
能源效率	5.2	6.1	8.1	9.7	20.4
化石燃料的清洁利用	91.4	101	140	168	99.7
可再生能源	52.8	46	81	97.2	62.9
核裂变与聚变	36.4	35	40	48	59.7
氢能和燃料电池	1.2	3	7	8.4	45
电力和储能技术	31.8	30	32	38.4	39.3
跨领域技术	31.2	33.9	41.9	50.3	54.2
合计	250	255	350	420	381

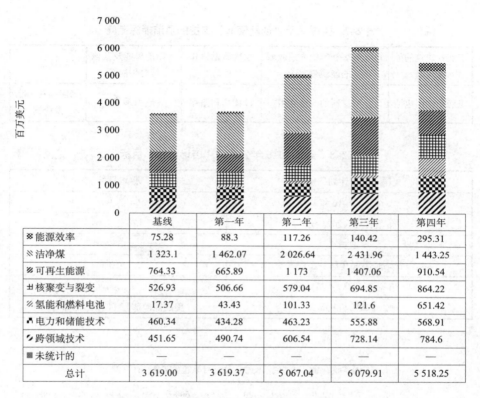

	基线	第一年	第二年	第三年	第四年
☒ 能源效率	75.28	88.3	117.26	140.42	295.31
☒ 洁净煤	1 323.1	1 462.07	2 026.64	2 431.96	1 443.25
☒ 可再生能源	764.33	665.89	1 173	1 407.06	910.54
⊞ 核聚变与裂变	526.93	506.66	579.04	694.85	864.22
☒ 氢能和燃料电池	17.37	43.43	101.33	121.6	651.42
☒ 电力和储能技术	460.34	434.28	463.23	555.88	568.91
☒ 跨领域技术	451.65	490.74	606.54	728.14	784.6
■ 未统计的	—	—	—	—	—
总计	3 619.00	3 619.37	5 067.04	6 079.91	5 518.25

图 2-5 中国 2016～2019 年公共部门研发和投资金额（单位：百万美元）

二、美国

美国在 MI 框架下对于清洁能源技术的范畴主要是指低碳技术领域，具体包括 10 个领域，见表 2-7。2016 年的国家报告中，美国公布了 2016 年清洁能源研发投入基线的科研投入经费定为 64 亿美元，倍增目标为到 2021 年科研经费投入达到 128 亿美元。同时提出了 2017 年较 2016 年实现 20% 的增长目标，达到 77 亿美元，并且规划了各个政府部门对于 20% 增长的贡献量。在政府部门的经费额度中，美国能源部占的比重最大，达到 76%。

表 2-7　美国对于"创新使命"支持的清洁能源范畴

工业和建筑的能源效率	电动汽车和其他交通领域的能源效率	生物质燃料和能源	太阳能风能及其他可再生能源	核能
氢能和燃料电池	化石燃料的清洁利用	碳捕集和储存	电力系统	储能和基础能源研究

表 2-8　美国 2016 年公布的"倍增计划"目标

美国"倍增计划"指标	倍增目标
基线（2016 年）	64 亿美元
倍增目标（2021 年）	128 亿美元
年增长率	15%
第一年增长率（2016～2017 年）	20%
第一年总统预算（2017 年）	77 亿美元
12 个政府机构资助	美国能源部与 11 个其他部门

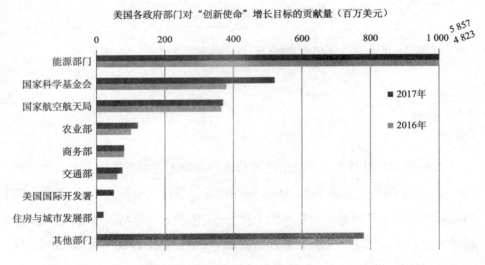

图 2-6　美国各政府部门对于 2017 年实现 20% 增长目标的贡献量（百万美元）

　　由于政府变更后政治态度的变化，在 2017 年更新的国家报告中，美国宣布正在重新审核"倍增计划"的政府支持额度，并从此不再提供相应数据，退出了"倍增计划"。

　　通过分析美国对"倍增计划"的做法和态度可以得出：

　　1. 美国退出 MI"倍增计划"，对 MI 推动全球清洁能源科技和产业发展的目标实现带来了不利影响。美国作为 MI 最重要的发起国以及提出最高倍增目标的成员国，在 MI 的初期阶段宣布退出"倍增计划"，对 MI"倍增计划"的整体实施产生消极影响。同时美国也大大降低了 MI 的参与度，主导地位被英国所取代，使 MI 在倡导全球主要能源大国合作推动清洁能源发展的行动上丧失了重要的支柱之一。

　　2. 美国受政治影响所带来的能源战略调整，与全球倡导发展清洁能源的主流方向相违背。根据 MI 最新发布的《2019 年国家报告》，美国强调核能和高效化石燃料在可预见的未来能源结构中的作用。在 2020 年 7 月召开的国际能源署（International Energy Agency, IEA）清洁能源转型全球峰会上，多国达成了弃煤发展新能源的共识，而美国却坚持发展化石能源，与全球积极发展清洁能源成为主导能源的方向相违背。

　　3. 美国发展化石能源的同时，依旧重视可再生能源的科技创新发展。尽管美国相当于退出了"倍增计划"，但是从其对能源技术领域的投资力度和布局来看，促进清洁能源创新与发展始终是美国政府高度重视和大力支持的方向。美国能源部积极支持可再生能源前沿技术研发，使私营部门能够部署下一代技术和能源服务，从而构建一个更安全、更具竞争力和更多样化的能源体系。特别是在风能、太阳能等可再生能源方向的发展速度和研发投入还是在持续增加。2018 年美国能源部支持太阳能领域 3 亿美元，生物质领域 2 亿美元，风能海洋能及地热能领域合计 2.2 亿美元。

三、欧盟

欧盟在 MI 框架下对于清洁能源科研投入支持的范畴包括 9 个领域：工业和建筑的能源效率、电动汽车和其他交通领域的能源效率、生物质燃料、太阳能风能及其他可再生能源、氢能及燃料电池、碳捕集和储存、电力系统、储能、基础能源研究。根据 2016 年 MI 公布的国家报告，欧盟提出了"倍增计划"的基线、目标和路径。基线选择 2013 至 2015 年三年科研投入的年度平均值为 9.89 亿欧元（约为 12 014 百万美元）。到 2020 年，基准情景下实现科研投入增长 50%，到达 14.93 亿欧元；创新使命情景下实现科研投入增长 100%，到达 19.74 亿欧元。地平线 2020（Horizon 2020）计划 2014~2020 年在清洁能源领域研发总计投入 102 亿欧元，为实现倍增目标提供支撑。

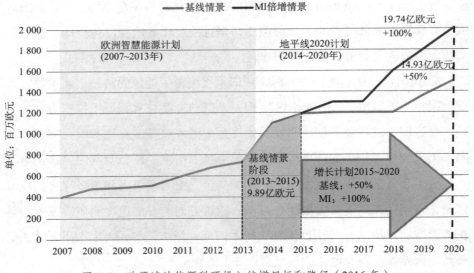

图 2-7　欧盟清洁能源科研投入倍增目标和路径（2016 年）

2019 年 MI 发布的国家报告显示，欧盟清洁能源领域研发投入基线是11.677 亿美元。2016～2018 年研发经费依次为 13.205 亿美元、15.757 亿美元和 13.384 亿美元。由于受 COVID-19 影响，欧盟 2019 年的投入数据尚未公布。

对欧盟的"倍增计划"实施情况进行评估得出：

1. 欧盟清洁能源产业在全球竞争中相对地位减弱，可能间接影响了科研投入的力度。欧盟特别是德国、丹麦等国家多年来引领可再生能源技术的发展，出台多项激励政策促进可再生能源技术的推广和应用。可再生能源在其能源结构中的占比持续增加。近年来欧盟的可再生能源产业从国际主导地位逐步减弱，特别是光伏和风电产业。随着中国等国家清洁能源产业特别是光伏、风电产业的发展，欧盟的可再生能源产业规模在缩小。在光伏和风电方面，中国的产业规模和市场规模多年保持世界第一。欧盟成员国的可再生能源产业规模的降低，可能导致了政府层面在前端科研投入力度的下降。

2. 受 COVID-19 影响，欧盟作为 MI"倍增计划"的主体成员实现难度较大。欧盟提出的倍增基线和目标仅次于美国和中国，实现路径主要是依靠地平线 2020 计划在清洁能源领域的研发投入支撑，但受 COVID-19 对于经济的影响，以及部分产业的竞争劣势，实现倍增目标难度较大。

3. 欧盟对于清洁能源领域的研究十分重视，科技创新体系完备。欧盟地平线 2020 计划能源技术创新计划划分为研发类、示范类和协调支撑类三大类项目支持清洁能源创新。其中研发类包括实验室或仿真环境下的基础性、实用性技术研发、集成和实验等；示范类包括新的或改进的技术、产品、工艺、服务或解决方案的技术经济性示范或试验项目；协调支撑类包括改善市场环境、加速市场转型，如标准化、能力建设等。关注领域重点包括氢能、智能电网、能源数字化及电力制备燃料（Power to X）等。欧盟和美国依然是清洁能源原始创新技术的主导力量。

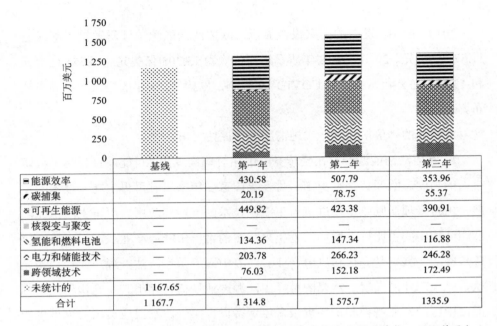

	基线	第一年	第二年	第三年
▬ 能源效率	—	430.58	507.79	353.96
◢ 碳捕集	—	20.19	78.75	55.37
⊗ 可再生能源	—	449.82	423.38	390.91
▦ 核裂变与聚变	—	—	—	—
◿ 氢能和燃料电池	—	134.36	147.34	116.88
◠ 电力和储能技术	—	203.78	266.23	246.28
▩ 跨领域技术	—	76.03	152.18	172.49
⋰ 未统计的	1 167.65	—	—	—
合计	1 167.7	1 314.8	1 575.7	1335.9

图 2–8　欧盟倍增基线及 2016～2018 年政府部门研发和投资金额（单位：百万美元）

四、其他成员国

除了上述三大研发投入主体成员，其他 MI 成员国大部分保持了研发投入的逐年增长态势。少数国家可实现"倍增计划"，但是对于大多数国家而言完成倍增目标均有较大困难。课题组选择三个代表性地域国家进行分析，分别是拉丁美洲代表性国家智利，以碳中和为目标的**北欧代表性国家芬兰**及亚洲清洁能源发展代表性国家日本。

（一）智利

智利作为 MI 成员国中拉丁美洲的代表性国家，在 MI 框架下对于清洁能源科研投入支持的范畴包括工业和建筑的能源效率、生物质燃料、太阳能风能及其他可再生能源、氢能及燃料电池、电力系统、储能等领域。

2019 年的国家报告中，智利公布了清洁能源研发投入基线以及 2016～2018 年的科研投入经费。智利提出的倍增基线是 388 万美元。在 2020 年初提交给 MI 的调研报告中，智利更新了 2019 年的科研投入经费。总体来看，智利清洁能源研发投入逐年增加，2016～2019 年的科研投入经费依次为 520 万美元、700 万美元、730 万美元、780 万美元（见图 2–9），从中可以看出：

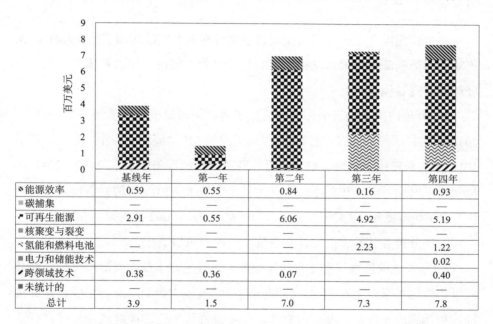

	基线年	第一年	第二年	第三年	第四年
能源效率	0.59	0.55	0.84	0.16	0.93
碳捕集	—	—	—	—	—
可再生能源	2.91	0.55	6.06	4.92	5.19
核聚变与裂变	—	—	—	—	—
氢能和燃料电池	—	—	—	2.23	1.22
电力和储能技术	—	—	—	—	0.02
跨领域技术	0.38	0.36	0.07	—	0.40
未统计的	—	—	—	—	—
总计	3.9	1.5	7.0	7.3	7.8

图 2–9 智利倍增基线及 2016～2019 年政府部门研发和投资金额（单位：百万美元）

（1）智利的"倍增计划"目标已经实现。智利提出的倍增基线在成员国中排名最低。2016～2019 年对于清洁能源的政府投入实现了逐年增加，并达成了倍增目标。

（2）智利提出了宏大的清洁能源发展战略，在 MI 的参与度也较高。2016 年，智利总统米歇尔·巴切莱特签发的"能源 2050"战略，其中设定到 2050

年全国发电量的 70%来自可再生能源的目标。2017 年，智利能源部发布了 2018～2022 年的短期能源路线图，其中包括该行业的现代化、去碳化过程、提高能源效率和改善可再生能源发电。在国家战略的引领下，智利积极承办 2021 年的第六届"清洁能源部长级会议"及"创新使命部长级会议"，在 MI 成员国中有着一定的影响力。

（二）芬兰

芬兰作为以高比例可再生能源为战略目标的典型欧洲国家，在 MI 框架下对于清洁能源科研投入支持的范畴包括可再生能源、电力系统、储能、基础能源研究等领域。

2019 年的国家报告中，芬兰公布了清洁能源研发投入基线以及 2016～2018 年的科研投入经费。在 2020 年初提交给 MI 的调研报告中，芬兰更新了 2019 年的科研投入经费。整体来看，芬兰清洁能源研发投入 2016～2018 年期间逐年增加。2019 年较上一年基本持平。2016～2019 年的科研投入经费依次为 7 940 万美元、8 420 万美元、1.04 亿美元、1.002 亿美元（见图 2-10）。

通过分析芬兰的"倍增计划"落实情况，可以看出：

1. 尽管达成倍增目标还有一定差距，但芬兰对于低碳发展路径和战略开展了积极的部署。为在 2035 年前实现针对气候中和的政府计划中设定的目标，芬兰政府正在与主要行业合作，为不同领域制定低碳路线图，并依据欧盟 2030 年能源和气候目标，规划下一步能源和气候战略方面的清洁能源创新政策。目前芬兰清洁能源领域的主要创新主题包括 Power to X 技术、电力储存、能源行业网络安全及其他数字化能源解决方案。

2. 以芬兰为代表的欧盟国家已达成发展可再生能源成为主导能源的共识。风能和太阳能等可再生能源成本已大幅下降。在大多数国家，每千瓦时太阳能比煤炭便宜。为了到 2050 年实现净零排放的目标，发展 100%可再生能源成为欧盟国家共识。

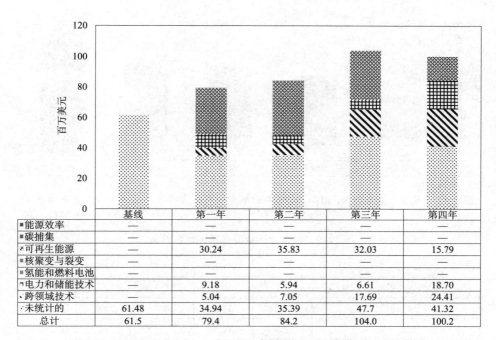

	基线	第一年	第二年	第三年	第四年
▪能源效率	—	—	—	—	—
▪碳捕集	—	—	—	—	—
⊠可再生能源	—	30.24	35.83	32.03	15.79
▪核聚变与裂变	—	—	—	—	—
▪氢能和燃料电池	—	—	—	—	—
⊓电力和储能技术	—	9.18	5.94	6.61	18.70
·跨领域技术	—	5.04	7.05	17.69	24.41
·未统计的	61.48	34.94	35.39	47.7	41.32
总计	61.5	79.4	84.2	104.0	100.2

图 2–10 芬兰倍增基线及 2016~2019 年政府部门研发和投资金额（单位：百万美元）

（三）日本

日本作为 MI 成员国中亚洲的代表性国家，在 MI 框架下对于清洁能源科研投入支持的范畴包括工业和建筑的能源效率、太阳能光伏、蓄电池、氢能、地热能、碳捕集等领域。

2019 年的国家报告中，日本公布了清洁能源研发投入基线以及 2016~2018 年的科研投入经费。在 2020 年初提交给 MI 的调研报告中，日本更新了 2019 年的科研投入经费。总体来看，日本清洁能源研发投入逐年增加，2015~2019 年的科研投入经费依次为 4.127 亿美元、5.823 亿美元、6.694 亿美元、6.933 亿美元和 8.657 亿美元（见图 2–11）。各领域的研发投入数据见表 2–9。

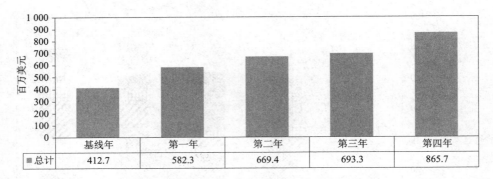

图 2-11　日本倍增基线及 2016～2019 年政府部门研发和投资金额（单位：百万美元）

表 2-9　日本清洁能源各领域研发投入

单位：十亿日元	2015	2016	2017	2018	2019
生产过程	9.1	16.1	16.3	18.1	21
结构材料	21.2	31.6	32.7	29.6	25.8
储能电池	9.8	14.4	19	21.6	24.6
水能	12.2	16.4	20.7	20.4	28.2
太阳能光伏发电	6.9	11.5	14.3	15.6	18.8
地热	1.6	3.5	4.1	4.6	7.1
碳捕集	11.1	18.1	22	24.1	49.4
系统核心技术	16.3	29.3	33.6	40.5	45.3

日本作为大力发展清洁能源技术进步的典型国家之一，评估其"倍增计划"的实施情况，可以为其他国家提供极具参考价值的借鉴：

1. 日本对清洁能源重视度高，已提前完成"倍增计划"。即使财政紧张，日本也于 2019 年提前完成了"倍增计划"，实现 2019 年政府研发投入较 2015 年增幅超 100%。日本对提升可再生能源利用率以应对气候变化极为重视，规划到 2030 年可再生能源的总份额将从 2013 年的 12% 增加一倍，达到 22%～24%（太阳能 7.0%，风能 1.7%，生物质 3.7%～4.6%，地热 1.0%～1.1%，水电 8.8%～9.2%）。

2. 日本对氢能、光伏、储能、地热能和碳捕集等领域的科研投入力度增幅较大。从 2015 到 2019 年，上述几个领域的科研投入经费增加均超过 1 倍，有些甚至达 4 倍。2019 年 3 月，日本更新了氢和燃料电池的战略路线图，认为氢可以成为能源转型的一个关键因素。

第三节　成员国"倍增计划"实施状况比较及分析

基于 MI 发布的历年国家报告及部分成员国最新提供的清洁能源研发投入数据，对 MI 成员国"倍增计划"实施状况进行比较及分析（见表 2–10）。从清洁能源研发投入基线看，位列前三名的成员依次是美国、中国、欧盟；从实际投入情况来看，排名前三位的成员依次是中国、欧盟、德国。按投入增长情况来看，韩国、日本、英国、巴西、挪威、荷兰、沙特阿拉伯、澳大利亚、印度、印度尼西亚、阿联酋、智利等国清洁能源研发投入逐年增加；而三大实际投入主体成员中国、欧盟及德国投入出现波动。

1. MI 小部分成员有望实现倍增目标，但实现整体倍增的可能性不大。中国、欧盟和德国等投入主体受经济和国内国际形势影响，实现倍增难度较大，但投入持续增长并高于经济增长率。日本、印度、英国、智利、荷兰和墨西哥等国家能够实现倍增目标。其他国家从发展趋势上看离倍增目标实现还有一定差距，但整体上研发投入也在持续增加，其中丹麦、韩国和加拿大等国经费的增长率较高。

2. MI 各成员清洁能源投入整体呈上升趋势。"倍增计划"促进了各国清洁能源研发投入。由于 2019 年数据未完全统计，从 2016~2018 年来看，MI 各成员国研发投入总和呈上升趋势，"倍增计划"的提出对于成员国促进清洁能源的政府研发投入起到积极的作用，也有效引导非政府部门投资的增加。

3. 在全球应对 COVID-19 进行经济复苏的大环境下，多国已开始向绿色复苏迈进。根据国际能源署的可持续经济复苏计划，通过提高能源效率的措施可创造 35% 的新就业机会，另外 25% 的新就业机会由电力系统提供，特别是在风能、太阳能以及加强电网建设领域。

4. 中国作为"倍增计划"最重要的投入主体，积极提升了在 MI 的地位和影响力。美国退出"倍增计划"使中国成为清洁能源研发投入最大的 MI 成员。世界范围内对中国发挥领导力充满期待。中国要顺势而为，体现大国责任担当，共谋全球生态文明建设，深度参与全球环境治理，积极引导应对气候变化国际合作，为加速清洁能源创新以应对气候变化问题上贡献中国智慧、中国方案和中国力量。

5. 通过 MI 第一阶段（MI 1.0）"倍增计划"的实施，为 MI 第二阶段（MI 2.0）提出合作目标和实施计划提供了宝贵的经验。MI 1.0（2015～2020 年）阶段即将结束。各成员充分肯定了 MI 机制的重要意义和作用，并将联合制定 MI 2.0（2021～2030 年）阶段的目标和实施计划。通过借鉴第一阶段"倍增计划"等实施经验，各成员国将在 MI 2.0 阶段根据各自的能源战略需求，以技术创新为引领在共同关注的领域进行更为深入的务实合作，并产生重要的政治影响力。

表 2–10 成员国"倍增计划"实施状况比较及分析

MI 成员研发投入数据统计表（单位：百万美元）					
序号	年份 成员	2015	2016	2017	2018	2019
1	美国	6415	—	—	—	—
2	中国	3 618.99	3 691.37	5 067.04	6 079.91	5 518.25
3	欧盟	1 107.5	1 314.8	1 575.7	1 335.9	—
4	德国	504.26	588.47	758.44	740.37	847.78
5	法国	492.72	561.71	546.86	527.42	574.62
6	韩国	481.02	632.15	685.63	774.81	—

续表

序号	年份 成员	2015	2016	2017	2018	2019
7	日本	412.67	582.32	669.44	693.29	865.69
8	加拿大	291.4	361.01	330.01	406.26	514.53
9	英国	255.10	444.58	588.56	650.87	—
10	意大利	249.34	213.64	216.46	235.99	—
11	巴西	152.13	—	—	253.8	
12	挪威	119.03	131.15	138.35	156.82	—
13	荷兰	111.98	159.35	182.98	229.56	
14	沙特阿拉伯	75.02	90.01	—	—	—
15	澳大利亚	74.55	89.91	101.04		
16	芬兰	61.48	79.4	84.21	104.03	100.22
17	印度	56.13	81.26	105.96		
18	丹麦	43.77	38.06	63.28	72.87	—
19	墨西哥	18.8	57.45	49.22	—	
20	奥地利	17.92	—	—	34.05	26.22
21	印度尼西亚	16.7	30.4			
22	瑞典	16.36	18.37	17.6	19	19.38
23	阿拉伯联合酋长国	10	12.2	—	—	
24	智利	3.88	5.23	6.97	7.31	7.76
25	摩洛哥	—	—	—	—	
	合计	8 191（不包括美国）	9 121	11 106	12 256	

MI 成员研发投入数据统计表（单位：百万美元）

注：摩洛哥于 2019 年加入 MI，目前暂未提供数据；受疫情影响，部分国家数据统计延后，未公布 2019 年数据。

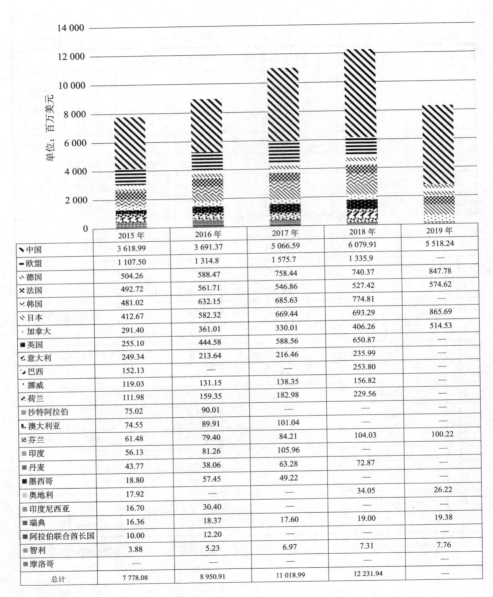

	2015 年	2016 年	2017 年	2018 年	2019 年
中国	3 618.99	3 691.37	5 066.59	6 079.91	5 518.24
欧盟	1 107.50	1 314.8	1 575.7	1 335.9	—
德国	504.26	588.47	758.44	740.37	847.78
法国	492.72	561.71	546.86	527.42	574.62
韩国	481.02	632.15	685.63	774.81	—
日本	412.67	582.32	669.44	693.29	865.69
加拿大	291.40	361.01	330.01	406.26	514.53
英国	255.10	444.58	588.56	650.87	—
意大利	249.34	213.64	216.46	235.99	—
巴西	152.13	—	—	253.80	—
挪威	119.03	131.15	138.35	156.82	—
荷兰	111.98	159.35	182.98	229.56	—
沙特阿拉伯	75.02	90.01	—	—	—
澳大利亚	74.55	89.91	101.04		
芬兰	61.48	79.40	84.21	104.03	100.22
印度	56.13	81.26	105.96		
丹麦	43.77	38.06	63.28	72.87	
墨西哥	18.80	57.45	49.22		
奥地利	17.92	—	—	34.05	26.22
印度尼西亚	16.70	30.40	—		
瑞典	16.36	18.37	17.60	19.00	19.38
阿拉伯联合酋长国	10.00	12.20	—		
智利	3.88	5.23	6.97	7.31	7.76
摩洛哥	—				
总计	7 778.08	8 950.91	11 018.99	12 231.94	—

图 2-12　MI 成员政府研发投入经费数据统计

第三章 "创新挑战"主题任务

　　"创新挑战"主题任务旨在促进全球对于减少温室气体排放，增加能源安全和清洁能源使用等方面的研发水平，推动成员实现研发投入"倍增计划"。这些挑战的技术方向是被成员国认为有可能因国际关注度提升而得到发展并对推进清洁能源创新产生重大影响而提出的。本章主要阐述八项"创新挑战"任务的总体情况以及中方的参与情况，并将详细介绍八项"创新挑战"具体任务的技术发展水平，评估未来发展重点和趋势。

第一节 "创新挑战"主题任务总体介绍及执行情况评估

一、"创新挑战"总体介绍

　　MI 成员国为了实现对特定的技术领域进行率先突破，于 2016 年 11 月在摩洛哥举行的第 22 届气候变化大会期间，共同提出了七项"创新挑战"，包括 IC1 "智能电网"、IC2 "离网电力系统"、IC3 "碳捕集"、IC4 "可持续生物燃料"、IC5 "光化学转换"、IC6 "清洁能源材料" 及 IC7 "建筑供热和制冷"。2018 年 5 月在瑞典马尔默举行的第三届创新使命部长级会议期间又增

加了第八项"创新挑战"，即 IC8"绿色氢能"。各成员参与"创新挑战"的
具体情况见图 3-1。

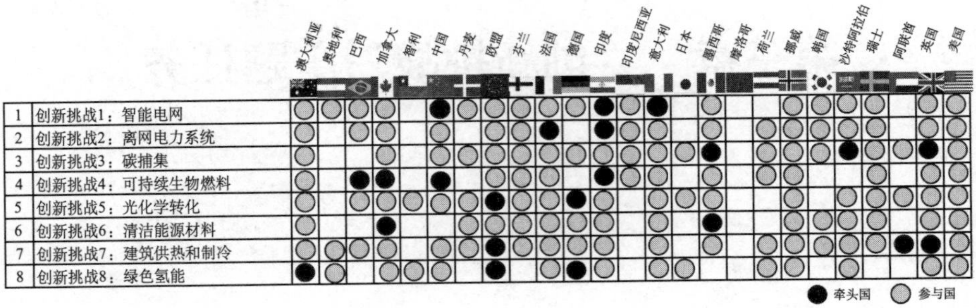

图 3-1 "创新挑战"主题任务的参加国家情况

各 IC 成立了各自的工作小组，每个 IC 由 2～4 个牵头国共同领导，制订
各自的工作计划，并组织成员之间开展国际交流与合作。主要合作形式包括
联合承担研发项目，建立国际合作平台，发布联合研究报告及组织国际研讨
会等。同时，每个 IC 工作组设立一个与商业投资工作组（BIE）的联络人，
积极寻找与私营部门的合作机会。加拿大和英国作为"创新挑战"秘书处。

二、"创新挑战"执行情况评估及建议

2019 年 6 月 MI 发布了 MI 影响力评估报告。报告中对于"创新挑战"
的目标和阶段成果进行了总结（见表 3-1）。八项"创新挑战"由各牵头国组
织，围绕既定目标开展了国际趋势交流、科技合作及国际平台建设等工作。
部分国家投入了支持"创新挑战"领域方向的科研经费促进成员国间开展国
际科技合作，取得了一定的成绩。但是，各"创新挑战"工作组的组织管理
和运行机制没有统一的安排和部署，也没有设定量化可考核的目标，仅是牵
头国按照各自的规划和需求开展，使创新挑战整体的国际影响力和参与度不

表3-1 "创新挑战"主题任务、牵头国家、目标及成果

"创新挑战"主题	牵头成员	参与成员	目标	成果
智能电网	中国、印度、意大利	20	推动由经济、可靠、分布式可再生能源系统供电的未来电网	IC1于2019年启动了智能电网创新加速平台，作为开放平台，收集智能电网领域最佳实践和经验，概况、工具、数据、成果和采用。它将成为一个强有力的工具，促进和加速智能电网的部署，扩大被广泛复制和采用，并识别创新使能技术和商业模式，以规划智能电网领域的长期投资。IC1已同意参与国际智能电网行动网络合作，改善创新和部署之间的联系。
离网电力系统	法国、印度	18	为实现经济、可靠的可再生能源发电接入、研发离网型住宅和社区系统	法国在非洲贝宁、布基纳法索、佛得角、马达加斯加、毛里塔尼亚和多哥的九个项目上投资180万欧元。这些项目包括一系列可再生能源技术（混合系统、太阳能、河流发电机和生物量）和促进经济发展的不同电力用途（灌溉、农业、脱盐和流动）。印度500万美元的离网竞赛获胜者正在来自9个MI成员（澳大利亚、加拿大、法国、德国、意大利、挪威、瑞典、英国和美国）的组织合作，以经济可行的能源解决方案改善无电电网或微弱电网连接的不同地区获取能源的状况的用能现状。

续表

"创新挑战"主题	牵头成员	参与成员	目标	成果
碳捕集	沙特阿拉伯、美国	19	推动发电厂和碳密集型产业实现 CO_2 零排放	美国能源部（投入 3 000 万美元）为加速碳捕集和存储技术联盟（投入 3 500 万美元）设计了新提案，以支持在国际科学研讨会上 IC3 确定的科学挑战。欧盟委员会也有 3 800 万美元的指示性预算，用于工业碳捕集项目，其涉及来自 MI 成员的合作伙伴，使总资金达到 1.03 亿美元。 IC3 于 2019 年 6 月在挪威特隆赫姆组织了一个行业研讨会，以解决在技术成熟度概念方面的关键研究缺口，并加强与私营部门的合作。
可持续生物燃料	巴西、加拿大、中国、印度	18	研发广泛经济可负担与规模化先进生物燃料化的多种生产方式，用于交通和工业	自 2017 年以来，中国已向双边/多边可持续生物燃料项目拨款 6 200 万美元，包括美国、意大利、日本、韩国、巴西、印度和欧盟的合作。 印度于 2018 年 6 月宣布了一项资金呼吁，强制纳入 MI 成员国研究人员，以鼓励多国合作。MI 成员国包括澳大利亚、巴西、加拿大、中国、捷克共和国、荷兰、挪威、沙特阿拉伯、英国和美国正在与印度研究人员合作，生物原料的改进方法和异养藻类的生产。英国和美国生物燃料酶的开发，用于生物燃料料的生产。
光化学转化	欧盟、德国	21	揭示太阳光向可存储太阳能燃料转换的、经济可负担的多种途径	欧盟委员会在 2017 年的"一个地球"峰会上设立了 500 万欧元的人工合作用奖。该奖项将于 2021 年颁发，向世界各地的所有合法实体开放，以开发一种全功能的、基于人工光合作用系统的小型原型，其可以生产出可用的合成燃料。 IC5 国际合作还提高了全球对太阳能燃料和人工光合作用潜力的认识。这成为德国联邦政府和印度第七个能源研究项目的焦点，并发布了投资机会。

续表

"创新挑战"主题	牵头成员	参与成员	目标	成果
清洁能源材料	墨西哥、美国	18	加快新型高性能、低成本清洁能源材料的探索、发现和利用	IC6 以至少提高 10 倍加速材料创新速度的愿景和计划，出版了《材料加速平台（Material Acceleration Platform, MAPs）》报告，并在三大洲开展了 15 项国际活动。《自然材料评论》、《麻省理工技术评论》和《福布斯》杂志都展示了 IC 的工作。《2018 年排放差距报告》、联合国环境规划署（UNEP）杂志都展示了 IC 的工作。MAPs 与 11 个 MI 成员的合作正在开发中。加拿大启动了价值 800 万加元的概念验证项目已经展示了人工智能如何驱动机器人平台更快更便宜地开发新材料。
建筑供热和制冷	英国、阿联酋、欧盟	19	让所有人都负担得起低碳供热和制冷	IC7 以加速低碳加热和制冷技术开发国际合作。MI 成员正在与 IEA 合作，开发"舒适与气候箱"（Comfort and Climate Box, CCB），这是一种新的解决方案，可以在与智能电网合作的同时，提供综合供热、制冷和能源领存储。全球制冷奖号召来自世界各地的领导者人联合起来解决日益增长的住宅空调需求带来的严重气候威胁。这个 300 万美元的奖项由落基山研究所和 MI 发起。到 2020 年，这些技术对气候的影响是政府提供资金支持，旨在刺激现有的空调的五分之一。现在销售的空调要比现在更高效，安装成本不超过现在空调的 2 倍。
绿色氢能	澳大利亚、德国、欧盟	13	通过解决氢能生产、储运和应用各环节的关键问题，加速建立全球氢能市场	IC8 识别了全球研究和创新努力方向短期内可能产生最大影响的重点领域。氢合的概念将是重点领域之一，即一个地理区域（一个城市、一个地区、一个岛屿或一个产业集群）。其中几个氢应用结合在一起形成一个完整的氢生态系统。氢合中大量的氢消耗和整个价值链的覆盖将提供一个扩大规模的途径，并将展示氢的行业集成能力。

足。并且成员参与"创新挑战"工作组的代表主要来自政府部门及科研部门。私营部门缺乏有效的参与机制，不利于达成 MI 推动清洁能源的产业化推广的目标。因此，MI 在后续推动重点清洁能源领域技术创新和产业化推广工作中需要借鉴"创新挑战"工作组的管理运行经验，安排部署更高效合理的工作组模式：

1. 加强顶层设计以及各成员的参与度。MI 应在执行委员会层面统一安排部署相关技术领域工作组的组织管理模式和机制，由 MI 秘书处具体执行，充分发挥各牵头和参与成员的政府引领作用，面向全球气候变化能源重大需求，提出量化可实现的目标及切实可行的实施计划。

2. 成员组建包括政、产、学、研的创新使命联盟，探索在清洁能源重点领域协同发展的加速创新模式。工作组执行层面上，组建由政府、科研部门、投资机构和产业共同参与的国际清洁能源创新使命联盟组织。成员承诺政府高层的参与和政府科研资金的支持，并建立有效的私营部门参与机制，从技术创新和产业化推广双方面形成合力。

3. 加强与重要国际组织的交流合作，提升 MI 的国际影响力。加强与国际能源署、国际可再生能源署、世界经济论坛、世界银行等国际组织的交流合作，共同推动清洁能源技术创新和推广，形成全球化国际合作平台。

第二节　中国参与"创新挑战"情况

一、中国参与"创新挑战"总体情况

中国在八项"创新挑战"中除清洁材料创新挑战外，参与了其他七项，其中两项作为共同牵头国，具体参与情况和参与单位见表 3–2。

表 3–2 八项"创新挑战"任务的中方参与单位

	"创新挑战"主题	参与级别	中方牵头参与单位
IC1	智能电网	牵头	中国科学院电工研究所
IC2	离网电力系统	参与	北京科诺伟业科技股份有限公司
IC3	碳捕集	参与	天津大学
IC4	可持续生物燃料	牵头	中国科学院广州能源研究所
IC5	光化学转化	参与	中国科学院大连化学物理研究所
IC7	建筑供热与制冷	参与	中国建筑设计院有限公司
IC8	绿色氢能	参与	中国汽车工程学会

中国科学院电工研究所受国家科技部委托，作为中方参与七个创新挑战的中方联络处，开展组织管理工作。通过参与各 IC 领域的任务，争取实现在技术和资本领域与国际对接，并且在部分领域起到国际引领的作用。

二、中国参与的 "创新挑战"其他工作情况

中国积极参与各项创新挑战工作，并得到了 MI 的认可，尤其是作为共同牵头成员的 IC1 智能电网和 IC4 可持续生物燃料，积极与成员开展科技交流与合作，增加了中国在 MI 的影响力。除此之外，中国还参与组织了国际研讨会、编写国际出版物及建立国际合作平台等方面的工作。

（一）国际研讨会

1. 智能电网创新使命深度研讨会

2017 年 6 月，作为第二届创新使命部长级会议的重要边会，中国科学院电工研究所联合意大利能源系统研究集团和印度理工学院鲁尔基分校主办了第一届智能电网创新使命深度研讨会。中国科技部副部长李萌、中科院副院长张杰、印度科技部部长哈什·瓦尔丹（Harsh Vardhan）、意大利经济发展部

副部长伊瓦·斯卡尔法洛托（Ivan Scalfarotto）、欧盟研究创新总司副司长/"创新使命"指导委员会主席帕特里克·蔡尔德（Patrick Child）等出席，来自 20 个国家的 150 位代表参加。本次会议设置"智能电网创新战略：愿景和规划""智能电网创新挑战""商业与投资机遇"三个主题。会上举行了"智能电网创新挑战"启动仪式，发布了《2017 创新使命智能电网创新挑战国家报告（草稿）》，各国代表签署了《北京共识》。

图 3-2 第一届智能电网创新使命深度研讨会嘉宾合影

随后，"智能电网创新使命深度研讨会"作为智能电网创新挑战工作组常设会议，每年定期举办。中国科学院电工研究所作为主办方之一，2017～2019 年期间分别主办了第二至第五届智能电网创新使命深度研讨会。各届会议邀请了多位部长级领导，知名能源领域国际专家学者及企业代表参会，同时也邀请了世界经济论坛、国际能源署、国际可再生能源署等国际组织参会。

会上发布了《新德里宣言》《罗马声明》《2019"创新使命"智能电网创新挑战国家报告》等多项重要文件和报告，支撑"创新使命"各成员国切实开展双边或多边科技合作，发挥好科研机构、创新型企业和投资人之间的桥梁作用，加速推动清洁能源领域技术创新。

图 3-3　印度、丹麦、加拿大、意大利等部长级代表致辞

2. 第二届可持续生物燃料国际会议

2019 年 4 月，"第二届可持续生物燃料国际会议"在烟台蓬莱召开。会议由中国科学院广州能源研究所、山东省科技厅、烟台市人民政府主办，来自 10 个国家的 70 余名专家学者、各级政府及企业代表参加了开幕式。本次会议以"生物燃料的可持续，创新和互联互通"为主题，设立生化转化技术、催化转化技术、热化学转化技术、固体成型燃料和燃烧、"创新使命"国家

产业化发展机遇四个专场，邀请了中国、加拿大、印度、巴西、荷兰、德国等六个 MI 成员国专家代表作国家发展报告。此次国际会议的成功召开，加强了 MI 各成员国之间的合作交流，达成了通过加强信息交流以推进生物燃料项目国际合作，通过寻求政府参与提高公众意识以实现可持续生物燃料大规模商业化的共识，积极有效地促进了可持续生物燃料的规模化、低成本化发展，推动了生物燃料技术的持续创新。

（二）国际出版物

中国科学院电工研究所作为国际联合牵头单位组织"创新挑战"智能电网工作组编写了《智能电网创新挑战国家报告 2019》（*Smart Grids Innovation Challenge Country Report 2019: Strategies, Trends and Activities on Jointly Identified Research Topics* (START)，CR2019），2019 年 5 月出版发行，并在温哥华 MI-4/CEM10 上正式递交给各成员部长级代表。CR2019 是 IC1 工作组的标志性成果，共有 16 个成员国和欧盟做出重要贡献，内容包括能源政策、愿景、科技行动和优秀案例，汇集了 60 个典型研发案例和 120 多个科技计划。CR2019 电子版可在 MI IC1 官网下载。

（三） 国际合作平台

IC1 智能电网创新挑战于 2019 年启动了智能电网创新加速平台（Smart Grids Innovation Accelerator, SGIA），是一个基于互联网的开放平台，收集智能电网领域最佳实践和成功项目的信息、数据、工具、概况、成果和经验，旨在被广泛复制和采用。它将成为一个强有力的工具，促进和加速智能电网的部署，扩大公私合作，并识别创新使能技术和商业模式，以规划智能电网领域的长期投资。IC1 已同意与国际智能电网行动网络（International Smart Grid Action Network）合作，提升创新和部署之间的联系。中方作为该平台的发起国之一，通过参与平台建设，为中国在智能电网领域科技交流和项目示范，以及商业推广模式和政策制定上提供经验。

第三节 "创新挑战"各技术方向发展状况、比较分析及发展建议

本节主要对"创新挑战"各技术方向尤其是有中国参与的七个技术方向的发展状况进行分析，并就国内外发展不同水平进行评估分析，进而提出未来一段时间的发展重点。

一、智能电网

（一）国内技术发展现状与趋势

经历多年发展，中国电网建设成效显著，源—网—荷领域新技术研发与产业化进程正在不断加快。部分核心技术与装备实现了从"跟跑"到"并跑"。特高压输变电等技术实现了国际引领。

1. 可再生能源并网规模国际领先。系统性地开展了大规模风电、光伏等可再生能源发电并网系列技术研究，有力支撑了中国电网成为世界上风电、光伏发电并网规模最大的电网。2019 年青海省在世界上率先实现了"绿电十五日"，建成了世界规模最大的甘肃"1 000 万千瓦级风/光发电集群控制系统"，建成了世界上规模最大的集风电、光伏发电、储能及智能输电于一体的新能源综合性示范项目——张北风/光/储综合实验基地。在分布式可再生能源发电并网方面，建成了浙江海宁总装机 20 兆瓦的区域性分布式并网光伏系统、中新天津生态城分布式光伏系统、广东中山格兰仕厂区 52.3 兆瓦屋顶光伏电站

等一批示范工程。预计 2035 年，可再生能源将成为中国主力电源之一。风电加光伏装机容量将超 13 亿千瓦。

2. 特高压输变电技术实现国际引领。全面掌握了自主知识产权的特高压交、直流输电核心技术。柔性直流输电技术与国际先进水平同步，构建并成功运营了世界上运行电压等级最高、规模最大、技术水平最高的交直流混联特大电网。成功研制了 ±1 100 千伏特高压直流换流阀等核心装备，掌握了 ±800 千伏特高压直流输电重大装备设计、制造、试验与交直流协调控制等核心技术。±500 千伏柔性直流换流阀、直流断路器和直流电缆取得重大进展。世界首台 200 千伏直流断路器投入工程应用。建成了世界上规模最大、能够同时协调 9 回直流和 8 回交流的跨区混联电网安全稳定协调控制系统，保障了复杂电网的安全稳定运行。

3. 智能用电技术取得重大进展。自主研发了智能变电站成套设备、特高压输变电设备、智能电网调度控制系统等高端电工装备，达到国际领先水平。已安装智能电表超过 5 亿只，建成了全球规模最大、覆盖用户最多的用电信息采集系统和电能服务管理平台。建成充/换电站 5 000 多座、充电桩 17.8 万个，提高了电动汽车充/换电的便捷性。江苏和广东佛山实施了单次需求响应量超过 350 万千瓦的用户需求响应示范应用。在福建厦门、广东佛山等地区建设了智能配电网示范工程。在浙江、青海、天津、广东、海南等地因地制宜建成了多个微电网示范工程。预计到 2035 年，用电设备种类和数量将进一步显著增加，分布式电源渗透率超过 15%，电动汽车超过 5 000 万辆，电能占终端用能比例超过 30%。

（二）国际技术发展现状与趋势

目前，世界多个发达国家都已将智能电网作为国家战略，通过推动技术研发、装备研制、工程示范和标准制定，加快智能电网的发展，以期在新一轮能源变革和世界竞争格局中取得优势地位。

1. 欧洲智能电网以提高可再生能源开发利用比例作为能源低碳转型的重要战略途径。大力促进大规模可再生能源消纳，支持分布式能源开发和推动智能电表的高级应用，开展智能电网的建设并积极推动相关技术产业发展。在可再生能源开发方面，欧洲各国一直致力于增加可再生能源发电占比，并计划将大西洋海上风电、欧洲南部和北非的太阳能发电融入欧洲电网。同时，为促进可再生能源的消纳，欧洲加强了各国之间的电网互联。目前欧洲电网各成员国之间电网联络线超过 300 回。此外，欧洲各国一直在积极构建统一的能源市场，完善辅助服务机制，促进可再生能源在更大范围内消纳。在分布式能源方面，欧洲大力推动分布式光伏和分散式风电发展，在光伏并网控制、发电功率预测和主动配电网等方面，技术不断取得突破，以满足未来以分布式能源供应结构为特点的电力系统需求。在智能电表方面，意大利、瑞典等国几乎所有家庭都安装了智能电表，其中意大利电力公司 ENEL 投资 21 亿欧元安装了大约 3 000 万台支持双向信息传输的智能电表，每年可节省约 5 亿欧元的运行成本。用户年均服务成本从原来的 80 欧元降至 50 欧元。

2. 美国智能电网发展的重点包括电网基础设施、电动汽车、储能、智能用电以及信息技术与电网深度融合等方面。美国是在智能电网研究方面起步较早的国家。在电网基础设施方面，2018 年美国智能电表累计安装数量超过 7 000 万只，预计到 2035 年智能电表的普及率将超过 90%，从而实现了配电网动态电压调节、故障诊断和快速处理，提升了电力系统运行效率和供电可靠性；通过信息通信和互联网技术在发、输、配电系统以及终端用户设备的应用，推动电网规划运行和设备资产管理的数字化和信息化，提高设备资产利用效率。在智能用电方面，美国开展了大量分布式风电和光伏发电接入、需求响应、智能用电、能源管理等试点示范，注重采用先进的计量、控制等技术使用户参与电力需求响应项目和能源管理。在电动汽车方面，美国政府率先开启了电动汽车市场。特斯拉已成为电动汽车领域的全球领军企业。

3. 日本智能电网从国家、区域和家庭三个层面构建体系架构。国家、区域和家庭各层具有不同的功能定位。家庭和建筑层面包括智能住宅、零能耗建筑、家用燃料电池、蓄电池、电动汽车等，目的是实现能源高效利用、减少排放；区域层面是通过区域能量管理系统，保证区域电力系统稳定，并依托先进通信及控制技术实现供需平衡；国家层面则是构筑坚强的输配电网络，实现大规模可再生能源的灵活接入。同时，大力发展光伏等分布式可再生能源和智能社区，着力构建能够抵御灾害的柔性电网；建立能够满足新能源接入的分布式电网控制系统；实现家庭、楼宇的用电信息智能化管理，以实现提高能源利用率、节约电能的目标；通过建设"智能社区"，发展新的产业模式，如能源咨询服务、能源管理服务、个人能源消耗实时信息查询服务等。

（三）比较分析与评估

总体来看，中国在智能电网方面，主要关键技术领域与国际先进水平比较处于领跑和并跑阶段，尤其在特高压交直流电网方面取得了世人瞩目的成就。在多能互补、信息能量融合以及新型商业模式等方面，中国与欧美基本同时起步，大部分技术处于并跑阶段。关键材料、器件与装备方面，中国与国际先进水平存在差距。中国在智能电网整体架构和技术体系非常重视战略规划研究，从构建未来能源生态上布局未来技术的发展。

1. 中国在智能电网建设方面具有领先优势。经过过去 5～10 年的持续投入，在特高压交直流电网技术与建设方面取得了重大突破和进展。当前中国电网已经发展成为全球装机容量最大、电压等级最高的电网，致力于解决资源供给与负荷中心逆向分布、间歇式清洁能源大规模远距离消纳等重大挑战。同时通过工业界和学术界的不懈努力，在仿真建模、分析控制等多个方面实现了技术突破，支撑了中国特高压交直流混联电网的安全可靠和高效运行。

2. 中国在多能互补、信息能量融合技术方面与国际同步。该方面中国与欧美基本同时起步，大部分技术处于并跑和紧密竞争阶段。欧美的主要优势在于前期理论积累较多。中国的主要优势在于已经开展了多个示范工程建设。

先进技术可以在工程实践中得到充分验证和迭代发展。此外，欧美由于各自发展阶段和社会需求的不同，其技术发展具有明显的侧重性，例如欧洲非常重视多能源综合利用。美国则更关注先进电力电子技术和信息通信技术在能源系统中的应用，对商业模式的探讨也更关注。而中国的技术发展明显具有政府与龙头企业主导和总体规划等特点，在多能互补、信息能量融合和商业模式方面均有布局，并且更加强调各维度技术的统筹互补，最终形成新的能源生态。

3. 关键材料、器件与装备方面存在差距。尤其是大功率新型电力电子器件方面与国际先进水平差距明显。以氮化镓半导体的先进电力电子器件为例，中国在高效高压大功率垂直型 GaN-on-GaN 器件方向的研究起步较晚，技术储备不足，和国际存在明显差距。目前仅有浙江大学和深圳大学等少数几家单位开展了垂直型 GaN-on-GaN 器件的工作。2017 年，深圳大学报道了垂直型 GaN 肖特基二极管，耐压 1 200 伏，但器件导通电阻较大（7 毫欧/平方厘米），导通电流密度不高（仅 130 安/平方厘米），且器件无终端保护。2018 年，深圳大学报道了垂直型 GaN PIN 二极管，耐压 2 400 伏，导通电阻为 3.9 毫欧/平方厘米。浙江大学是国内较早开展垂直型 GaN 功率器件研究的团队，已自主研制出耐压接近 1 000 伏，电流密度高于 2000 安/平方厘米，导通电阻低至 1.2 毫欧/平方厘米，理想因子接近 1 的高性能垂直型 GaN-on-GaN 肖特基二极管，其功率品质因数达到 825 兆瓦/平方厘米。该团队首次实现高压高速开关条件下的"无电流坍塌"的理想特性，克服了长期困扰传统平面型 GaN 器件的动态性能退化难题。

（四）未来挑战及技术发展重点建议

尽管中国智能电网发展已取得了很大进步，但由于能源资源禀赋和利用方式的固有特征，仍面临多方面的问题和挑战，具体如下：

1. 可再生能源并网消纳问题突出，高比例可再生能源并网发展制约严重。目前中国电源结构仍然以煤电为主，快速调节电源严重不足，弃风、弃光问题仍然突出，在能源供应侧实现多能互补综合利用与外送技术有待突破。

2. 电网支撑新形态源—荷平衡挑战大。需解决制约大规模可再生能源消纳和影响大电网安全稳定运行的关键问题，提升大容量远距离跨区输电能力和大电网抵御故障水平。

3. 电力需求侧资源利用不足。终端用户用电选择少、互动弱、能效低，电网与用户互动能力亟待全面加强，用户/终端综合能源系统技术存在成本高、技术推广难等问题，能源梯级利用水平还有待提高，高效、低成本技术解决方案尚需探索。

4. 电网基础支撑技术薄弱。高端电工装备用的基础材料、核心器件和工艺对外依存度高。高压直流电缆的关键绝缘和屏蔽材料尚依赖进口，存在受制于人的情况，需持续提高电工新材料和大功率电力电子器件性能，加快推进信息通信、人工智能与电网深度融合。

未来在智能电网领域若期望进一步取得实质性的技术领先和话语权，有赖于若干关键基础科学问题和关键技术的突破。建议未来创新聚焦于智能电网、多能融合、信息—能量融合、关键器件及装备等方面，具体如下：

1. 在智能电网技术方面，重点发展数字电网、功率预测、故障预警、智能运行等技术。具体包括：能源和电力的大数据质量、多数据源融合、大数据挖掘技术，新能源发电功率预测、新能源接入"即插即用"式建模、发电设备的故障诊断与预警技术，基于数字仿真的电网分析、电网状态智能感知、输变电设备巡检与诊断、基于微扰动的电网动态特征提取识别技术、负荷构成分析、主动负荷功率预测、主动负荷在线建模、柔性负荷控制、多能优化互补技术。

2. 在多能融合方面，重点发展多种能源互补的智能电网与智慧能源系统关键技术与装备。具体包括：涉及电网、新能源、通信、储能、多能转换、大数据、网络交易等多种技术从常规电网建设到与发电和电源侧相关的分布式能源（太阳能、风能，储能装置）接入，再到多能互补的能源技术，然后再到基于通信和信息技术建设的能源—信息融合平台，最后到最终搭建的能源互联网交易互动平台。从智能电网到智慧能源系统，从物联网、云计算到大数据和能源互联网，涉及各类高新技术。重点发展多能互补的能源网络技术，包括直流电网技术、能量路由器技术、先进储能技术，建设能源互联平台，包括交易平台、能源大数据平台、用户互动平台。

3. 信息—能量融合方面，重点发展电网信息物理融合、新型传感与智能分析等技术。具体包括信息物理融合理论、智慧城市能源互联技术与装备、智能芯片、移动互联及新型人机交互技术，包括智能传感与物联装置、复杂电磁环境下高可靠无线传感网络、光纤传感技术、基于磁阻效应的微弱磁场和微小电流检测技术、智能传感器自取能技术、基于声表面波响应理论及无源无线电流传感技术的新型传感技术；研发包括智能电网大数据智能分析平台、分布式云计算数据中心等一批信息安全及自主可信技术装备；拓展电网空间信息系统与地理信息系统（Geographic Information System, GIS）、电网虚拟现实（Virtual Reality, VR）或增强现实（Augmented Reality, AR）技术研究与应用。

4. 基础器件及装备方面，重点发展绝缘材料、电力电子功率器件等技术。具体包括高性能绝缘材料、极端条件下绝缘材料的失效规律与机理以及环境友好型绝缘材料技术，非晶纳米晶软磁材料及其应用、纳米复合磁性材料及其应用、复合功能磁性材料及其应用技术，高压大功率绝缘栅双极型晶体管（Insulated Gate Bipolar Transistor, IGBT）器件技术，2500～4500 伏压接用IGBT 芯片技术、千伏千安级压接 IGBT 产业化技术、万伏千安级压接 IGBT技术、高压大功率碳化硅器件技术，50～300 微米碳化硅（SiC）外延技术、电网用中低压碳化硅金属—氧化物半导体场效应晶体管（SiC Metal-Oxide-Semiconductor Field-Effect Transistor, SiC MOSFET）器件产业化技术、电网用15 千伏 SiC IGBT 技术和超高压 30 千伏碳化硅器件技术。

二、离网电力系统

离网电力系统作为一种可控、灵活、经济、绿色的新型分布式电源应用方式，在节能降耗、减少污染、提高可再生能源利用率、提高用户供能可靠性等方面具有突出的优势。在偏远地区、海岛（礁）、极区等无电地区建设离网电力系统是最经济可行的能源解决方案。

（一）国内技术发展现状与趋势

近年来，中国在离网电力系统关键技术研究及建设方面取得了较大进展。

1. 偏远无电地区离网电力系统规模国际领先。为解决电网未覆盖偏远地区的供电问题，中国基于光伏、风电等可再生能源开展了系统设计、集成技术研究及控制器、逆变器研制，建设了大量离网电力系统，建设规模和数量处于国际领先水平。通过实施送电到乡、送电到村等民生工程，已经建设上千个村用独立可再生能源系统，有效解决了青海、西藏、新疆、内蒙古等偏远无电地区的用电问题，仅青海省就建有 450 座以上；建成了世界海拔最高的青海玉树 10 兆瓦级水/光/柴/储互补微电网系统示范工程。当前随着偏远地区生活条件的不断提高，农牧民对清洁供暖、清洁炊事的要求不断提升，需对现有的独立可再生能源系统开展评估、重构、升级，在满足当地基本用电需求的同时，进一步满足冷热等多种用能需求。

2. 海岛离网电力系统建设了多个示范系统。掌握了风电能、光伏能、海洋能等多种可再生能源互补系统集成，离并网多模式运行等关键技术；建立了浙江东福山岛、鹿西岛、南麂岛、山东大管岛、广东万山岛等兆瓦级风/光/柴/储互补独立微电网系统，浙江摘箬山岛风/光/海流能/储微电网系统，广东珠海兆瓦级风/光/波浪/柴/储互补微电网，山东即墨大管岛波浪能/风/光互补发电系统等示范工程。

3. 支撑极区科考供电的离网电力系统方面存在差距。中国的南极科考站供电系统以柴油发电为主，开展了可再生能源供电系统探索，但关键设备可靠性差、缺乏适应极寒/大风环境的系统控制技术，可再生能源利用率较低。极区可再生能源供能系统总体处于跟跑阶段，急需发展适应极端气候的风/光可再生能源发电系统和可移动发电平台。

（二）国际技术发展现状与趋势

离网电力技术是解决全球主要发展中国家供电问题的有效解决方案，可为世界上一些无法实现电网连接的偏远地区提供用电服务。随着太阳能、风能利用成本的快速下降，可再生能源将是离网电力系统能源的主要来源，将促进偏远地区离网电力系统需求的稳定增长。同时随着锂离子电池、铅酸电池等储能装置成本的下降和利用规模的增大，储能技术的快速发展为离网电力系统的推广提供了有力支撑。

1. 发达国家既可并网又可离网的微电网系统稳定增长。随着政府对基建投入加大、能效需求增加以及绿色能源目标，欧美等发达国家微电网系统近年来稳定增长。

海岛供电系统方面，丹麦博恩霍姆岛、日本宫古岛、美国夏威夷大岛等数十个地点建立了微电网系统，可再生能源发电装机规模10兆瓦以上、渗透率超过60%的可再生能源耦合与集成技术示范系统。西班牙在耶罗岛建立了风能/抽水蓄能/太阳能互补发电系统。法国正在奥尔德群岛研建300兆瓦级的独立运行可再生能源微能源系统。充分利用海岛及其周围的可再生能源，在不占用岛礁宝贵土地资源面积的前提下就地获能、就地使用成为了海岛供能的新趋势。

极区科考供电系统方面，南极地区的比利时新伊丽莎白公主站、西班牙胡安-卡洛斯一世（Juan Carlos I）站、美国麦克默多（McMurdo）站等科考站利用光伏能、风能部分替代柴油发电，并逐步加大可再生能源的供电比例。

2. 非洲等发展中国家对离网电力系统需求强烈。非洲、东南亚部分发展中国家经济发展水平较为落后，特别是非洲部分地区工业水平极低。农业、畜牧业是国民经济的主导，很多偏远乡村至今都没有用上电，电力资源严重匮乏。部分无电地区通过柴油发电机供电，不仅发电成本高，且对环境有害。柴油发电机排放的有毒、有害气体也是非洲多酸雨的重要原因，影响粮食产量，威胁生物多样性。采用光伏等可再生能源构建离网电力系统适合非洲大陆等地尤其是电网不发达的偏远地区，采用离网发电可以取代在偏远社区增设电线等电力工程建设。

（三）比较分析与评估

总体来看，中国在离网电力系统方面，主要关键技术领域与国际先进水平比较处于领跑和并跑阶段。

1. 基于可再生能源建立的离网电网系统规模领先。为解决无电地区的用能需求，中国已重点在偏远地区、沿海岛屿建立了一批离网电力系统示范工程，多能互补独立微能源系统示范规模世界领先。中国利用光伏、风、小水电等可再生能源解决了最难解决、大电网很难通达的偏远孤立地区的基本用电问题，消灭了无电人口。在技术、产品和实施机制上都为未来解决国际上大电网难以通达地区的用电问题提供了经验和解决方案。中国在南极地区的中山站正在开展风/光互补供电的探索和尝试。

2. 离网电力系统变流器、控制器等设备技术水平和世界同步。率先研制适合离网系统或离并网多模式运行系统的电压源型逆变器、光伏—储能充电控制器、能量管理系统等关键设备。

（四）未来挑战与技术发展重点建议

离网电力系统存在的问题和挑战，具体包括：针对海岛、西部偏远地区建立的离网多能互补示范电站可靠性及通用性需要提升。极区供电系统则在可靠性及便携性方面存在改进提升空间，亟须因地制宜地利用本地资源条件，加强独立运行微能源系统共性关键技术研究，研制从技术、经济上可推广、可复制的离网供能系统并应用示范。

未来将重点在以下方面开展研究，具体包括：

1. 适应不同应用场景的离网电力系统关键技术与装备。包括典型海岛（礁）独立运行的可再生能源系统关键技术，选择不同规模的海岛（礁），开展海洋能、光伏、风电等可再生能源独立供电系统设计集成和示范；研究极地可再生能源供能关键技术，重点突破适用于极区环境可再生能源发电、集成、管理等关键技术，研发极区科考站高可靠可再生能源发电综合利用系统和极区移动式可再生能源供电系统；研究不同气候地域、资源禀赋的西部偏远地区独立微能源系统供电关键技术；研究高耐候性的微能源系统变流、控制设备关键技术。

2. 可实现离并网多模式运行的微能源系统关键技术与装备。具备离网运行、并网运行、灵活控制与切换等多模式运行能力的微能源系统关键技术，研究以可再生能源为主的冷热电联供微能源系统单元模块化设计集成技术，以及微能源系统能效管理技术。

三、碳捕集利用与封存（CCUS）

CO_2 捕集、利用和封存（CCUS）可实现化石能源大规模低碳利用，有效降低 CO_2 排放。CO_2 捕集技术主要有燃烧后捕集、富氧燃烧、燃烧前捕集和化工工艺过程中的 CO_2 捕集。CO_2 利用与封存技术主要有地质利用与封存、化学与生物利用三大类 20 多种技术。

（一）国内技术发展现状与趋势

中国 CCUS 技术起步于 2005 年，国内众多高校、科研院所、企业围绕

CCUS 开展了基础理论研究、关键技术研发与中试示范项目建设。在 CCUS 各技术环节均取得了显著进展，已开发出多种具有自主知识产权的 CO_2 捕集技术，并具备了大规模捕集、管道输送和利用封存系统的设计能力。

1. CO_2 捕集技术处于中试示范阶段。中国最大的燃烧后 CO_2 捕集装置规模为 12 万吨/年，再生热耗 2.8 吉焦/吨 CO_2；最大的燃烧前 CO_2 捕集装置规模为 9.6 万吨/年，单位能耗 2.2 吉焦/吨 CO_2，捕集后 CO_2 干基浓度 98.1%，CO_2 回收率 91.6%。国内吸附法 CO_2 捕集处于千吨级中试示范阶段，CO_2 捕集率 80%、浓度 90%；膜法分离 CO_2 捕集技术处于实验室开发阶段；煤粉富氧燃烧技术已完成实验室研究，建成并投运了 3 兆瓦热和 35 兆瓦热中试试验平台，实现了高浓度 CO_2 的捕集，完成了 200 兆瓦电等级示范电站的概念设计；1 兆瓦热循环流化床富氧燃烧中试实验平台已建成，可实现 50%氧气浓度的连续稳定运行。

2. CO_2 利用与封存技术有所突破。中国正在运行的 12 个不同规模的全流程驱油与封存示范项目，防腐技术有所突破，原油增产率在 10%左右。国内 10 万吨级咸水层封存项目，部分地解决了多层统注分层监测问题。另外千吨级千米深驱煤层气项目也已有试点。在矿化利用方面已形成了一系列矿化天然矿物和工业固废的新工艺路线。在化学与生物转化利用方面，中国已经开展了 CO_2 制聚碳材料、CO_2 制高附加值有机含氧化学品以及微藻固碳等技术的小规模试验。

（二）国际技术发展现状与趋势

总体而言，世界主要发达国家在 CO_2 捕集方面开展了研究和示范工作。燃烧后捕集已开始进行商业化运行。富氧燃烧和燃烧前捕集仍处于中试研究阶段。CO_2 大规模输运和强化采油（Enhanced Oil Recovery, EOR）在北美已经成熟，研究主要集中在地质封存的泄漏监测等方面，并探索 CO_2 驱替其他资源和利用技术。

1. CO_2 捕集方面，加拿大和美国处于大规模示范应用的领导地位。燃烧后 CO_2 捕集技术可用于绝大部分燃煤电站。2014 年世界首个燃煤电厂 100 万吨/年 CO_2 捕集工程——加拿大边界大坝（SaskPower）项目正式投运，CO_2 排放由 1 100 克/千瓦时降至 120 克/千瓦时。燃烧后 CO_2 捕集技术存在能耗高、吸收剂消耗大等问题，而燃烧前捕集技术分离过程的能耗较低，可用于整体煤气化联合循环发电系统（Integrated Gasification Combined Cycle, IGCC）发电。2010 年西班牙和荷兰以 IGCC 为基础，分别建成了捕集规模为 1 万吨/年和 3.5 万吨/年的中试试验系统。煤化工加工过程中副产的 CO_2 浓度高，经过简单浓缩后可直接用于封存和利用。捕集技术成熟，成本低。其他 CO_2 捕集技术如吸附法、膜分离法、富氧燃烧技术等均处于中试研发阶段。

2. CO_2 利用与封存方面，已有多个大规模项目实现商业化运行。CO_2 驱油（EOR）与封存技术较为成熟，已有十多个大规模项目在北美实现商业化运行。其中，加拿大维本（Weyburn）油田 CO_2-EOR 项目规模达到了 400 万吨/年左右，并对油田 CO_2 封存进行了近 20 年的监测研究。1996 年，挪威投运了世界上第一个大规模全流程碳捕捉和存储（Carbon Capture and Storage，CCS）项目，封存规模 90 万吨/年。CO_2 驱煤层气、CO_2 强化采热、CO_2 驱页岩气技术还处于前期探索阶段。CO_2 化学转化和生物利用技术大部分仍处于研究开发阶段。

（三）比较分析与评估

作为一项有望实现化石能源大规模低碳利用的新兴技术，CCUS 将可能成为未来中国减少 CO_2 排放和保障能源安全的重要战略技术选择。近年来，通过政府、企业研发投入以及国际合作，中国 CCUS 技术的发展取得了较大进步，在 CCUS 技术链各环节都已具备一定的研发与示范基础。部分 CCUS 技术已初步具备大规模产业示范条件和产业发展基础，但是各环节技术发展不平衡，距离规模化、全流程示范应用仍存在较大差距。

1. CO_2 捕集方面，大规模系统集成改造缺乏工程经验。目前中国尚无百万吨级 CO_2 捕集示范工程。

2. CO_2 利用与封存方面与国际有差距。中国正在运行的 12 个不同规模的全流程驱油与封存示范项目尚未进行长期有效的 CO_2 运移监测。国内 10 万吨级咸水层封存项目的场地选址评估和 CO_2 深井监测等方面与国外有差距，在化学与生物转化利用方面，相关材料（如催化剂、藻株等）性能有待进一步提升。

（四）未来挑战与技术发展重点建议

未来 CCUS 产业化应用将实现煤化工和煤电等传统产业的低碳化，提高其可持续发展能力，并延伸产业链，促进 CO_2 捕集大型装备与新材料、新型封存勘测和监测设备等技术和产业的发展。面临的问题和挑战具体如下：

1. CO_2 捕集方面系统集成的挑战。无论是燃烧后还是燃烧前 CO_2 捕集技术均存在吸收剂再生热耗高、系统复杂度高、集成难度大等问题。高效实用的 CO_2 吸附和膜分离系统构建技术经验较少，化工过程 CO_2 捕集面临的主要问题是系统集成优化。

2. CO_2 利用与封存方面转化利用效率与安全性的挑战。为 CO_2 提高驱油的安全性，大规模驱油封存需要完善系统的监测技术。中国煤层渗透性普遍较低，且构造发育煤层偏软，CO_2 封存采气成本偏高。CO_2 转化利用技术的关键问题是提高定向合成高值燃料/化学品效率和固碳能力，在已有十多种化工、生物转化技术中，部分已具备示范能力，但是受材料性能因素限制，如催化剂活性低、寿命短、定向选择性差，藻株固碳效率和耐性差等，CO_2 的转化利用效率较低。

未来将重点在以下方面开展研究，具体包括：

1. CO_2 捕集方面，重点开发高性能吸收剂及工艺流程技术；掌握工艺过程强化、能量耦合匹配、电厂集成与控制等技术；降低捕集能耗，实现捕集系统与发电系统的有机整合，最大限度地降低 CO_2 捕集对发电效率的影响；研究高性能低能耗吸附剂和膜材料的工业规模制备技术，形成高效低能耗的吸附和膜分离 CO_2 捕集技术，对捕集工艺进行优化，缩短工艺流程，减少建设投资，降低运行能耗。

2. CO_2 利用与封存方面，开发安全性保障与固碳效率提升技术。开发以井眼完整性检测、长期地下地表监测等为主要内容的安全性保障技术。大规模 CCUS 项目需要建设 CO_2 输送管道，并开展 CO_2 管道输送安全性和安全监测及控制技术研究。驱煤层气与封存的关键是提高单井 CO_2 注入量和煤层气产量。矿化技术非常适合煤发电与高耗能钢铁、水泥等重要过程的无需脱硫的烟气净化处理，可直接矿化固定 CO_2，同时利用煤渣、煤灰、钢渣和尾矿等废料，将极大地提升过程减排能力，降低 CO_2 捕集成本。研究矿化过程共性原理、关键技术与装备以及捕集矿化过程集成技术，提升全过程的固碳效率和经济性，形成 CO_2 减排与矿物加工或矿渣处理集成化关键技术。研发一批 CO_2 转化利用的前沿技术，开发出 CO_2 定向转化的高效催化剂并实现大规模生产应用，实现高效固碳藻株的规模化。

四、可持续生物燃料

生物质是可再生能源技术中唯一能提供生物燃料的。生物质是碳中和能源，不产生多的 CO_2。发展生物质能是一项重大的战略举措，对能源安全和环境保护将产生巨大而深远的影响。

（一）国内技术发展现状与趋势

近年来，中国消化吸收和自主研发了适合国情的生物质能技术。多数技术达到了国际先进水平或并跑水平。

1. 突破了生物质能利用系列核心技术与装备。开发了小型高效生物质气化发电核心技术和热电联供技术；建成了裂解生物油的生物质热裂解示范工程、生物质基含氧液体燃料及化学品的工程、生物质制备混合醇燃料示范工程；建成了以生产生物燃料乙醇为主，利用废渣和废液生产沼气、油脂等能源产品，同时联产建材、化学品和肥料等高附加值产品示范工程；研制大规模、低能耗原料预处理、粉碎、成型工艺组合集成为一体化、智能化的生产设备。

2. 生物质能利用规模稳定增长。2019 年，中国生物质发电累计并网装机容量 2 369 万千瓦，继续保持稳步增长势头。全年生物质发电量 1 111 亿千瓦时，同比增长 20.4%，可替代标准煤量 3 206 万吨。生物天然气的总产能约 12 775 万立方米，可替代 15.3 万吨标准煤。生物质成型燃料供热利用规模约为 1 800 万吨，可替代标准煤量 900 万吨。生物液体燃料年产量 400 万吨，折合标准煤替代量 435 万吨。其中，燃料乙醇年产量 300 万吨，生物柴油年产量 100 万吨。预计到 2030 年左右，中国生物质燃气总规模年产量不低于 6 000 万立方米，生物质液体燃料规模达到年产 2 000 万吨。

（二）国际技术发展现状与趋势

国外发达国家的生物质能源科技已在生物质液体燃料、生物质燃气、生物质发电等方面实现突破性进展。

1. 生物质制备液体燃料取得重要进展。美国是燃料乙醇生产量最大的国家。美国已经成功研发了木质纤维素（玉米秸秆等木质纤维素）制取乙醇等液体燃料技术，同时在新型生物质能转化催化剂、酶解纤维素等方面取得了重要进展。2018 年美国燃料乙醇生产量约 4 760 万吨，占世界燃料乙醇生产量的 60% 以上。美国计划到 2025 年生物燃料替代进口原油的 75%，2030 年生物燃料替代车用燃料的 30%。日本计划在 2020 年前车用燃料中乙醇掺混比例达到 50% 以上。预计到 2035 年，生物质燃料将替代世界约一半以上的汽柴油。

2. 欧洲是沼气技术最成熟的地区。截至 2017 年欧洲有 17 783 个沼气厂和 540 个生物甲烷厂在运行，达到 10 532 兆瓦，生产电力 65 179 吉瓦时。德国拥有沼气厂 9 500 多个，其沼气技术和产业在世界上最为发达。德国预计到 2020 年沼气发电总装机容量达到 950 万千瓦。瑞典是欧盟中生物质燃料使用比例最高和发展最快的国家之一，生物燃料约占总车用燃料消耗的 19%；瑞典也是沼气提纯用于车用燃气最好的国家，其二氧化碳排放量是传统燃料的 24%。

3. 先进生物质发电技术应用主要分布在欧美。2019 年全球生物质能发电装机达到 124 吉瓦，约占整个可再生能源发电装机容量的 4.9%。瑞典生活垃圾热电联供技术处于全球领先水平，热电联供热能利用效率达 90% 以上。瑞典的生物质能使用量占能源消费总量的 34%，生物质能发电量约占总电力供应的 9%。美国的生物质电厂共有 178 个，装机容量达 20 156 兆瓦，平均装机容量达 113 兆瓦，其中三分之一以上的是以城市固体垃圾为原料。英国的生物质能发电占可再生能源发电的 32%，生物质发电输出可达 20 兆瓦电。丹麦巴威伟伦（Bendis Welding Equipment Ltd., BWE）公司生物质发电技术最为先进，其单台锅炉功率为 15～90 兆瓦热，最大生物质燃料投入 800 兆瓦热，炉膛温度可达 1 400 摄氏度，实现 100% 生物质发电。锅炉热效率可达 94.5%，发电效率达 45%。

4. 欧美的成型燃料技术自动化、一体化水平较高，已形成了从原料收集、储藏、预处理到成型燃料生产、配送和应用的整个产业链。全球成型燃料生产量约 3 000 多万吨，欧美生物质成型燃料的生产量约占世界的 90%。

（三）比较分析与评估

中国生物质液体燃料、气体燃料、燃烧发电供热等技术取得了一定的阶段性成果，总体处于国际中等发达水平，在纤维素制备生物航油研究方面处于国际先进水平。

相比欧美发达国家，生物质能利用系统转化率和效率不高，产品经济性较差，关键装备运行稳定性不高，产业化水平落后，产业规模和占比较小，关键技术处于并跑或跟跑水平。

（四）未来挑战与技术发展重点建议

面临的问题和挑战具体如下：

1. 生物质原料处理及过程污染调控方面亟须加强。缺乏适合国情的生物质原料预处理及收、储、运体系。高值可再生的生物质基材料技术落后，远不能满足对传统不可再生材料的替代。生物质燃烧过程中结渣、腐蚀问题依然严重，污染排放量大，阻碍供热发电技术发展。

2. 生物质制备清洁燃料方面还需进一步提高可靠性和经济性。纤维素类生物质转化液体燃料过程中三组分利用率低、经济性差、成本高。生物质制备车用燃料技术不能满足车用市场需求。生物质燃气设备运行可靠性较差，提质提纯技术落后，高热值燃气的焦油清洁化脱除技术不成熟，未能满足天然气缺口需求。

未来将重点主要围绕生物质高效燃烧、超净排放利用技术，材料、预处理技术以及生物质液体燃料、燃气、供热发电关键技术开展研究。具体包括以下关键技术：

1. 生物质预处理、燃烧及污染物减排耦合技术。生物质原料预处理（收、储及三素分离）技术，城市垃圾分类及固体废弃物资源化利用技术，高值生物质基材料技术。

2. 生物质制备液体燃料、燃气等技术、生物质液体燃料清洁制备与联产化学品技术、生物质燃气高值利用与多联产技术、先进生物质供热发电技术、微藻生物燃料技术、进行生物质液体转化多联产大型工程示范。

五、光化学转换

利用光合成技术将太阳能转换成化学能是有效利用太阳能的方式之一。氢能作为一种高效清洁的二次能源被认为是最理想的可再生能源载体。20 世纪 90 年代末,氢能和氢经济就受到世界各国高度关注。传统工业获取氢能的方式主要依赖矿物资源,通过对矿物质进行重整或部分氧化而获得氢气。还可以通过电解水制氢,但仍存在高耗能、高污染、高成本等问题而缺乏商业竞争力。

(一)国内技术发展现状与趋势

中国在国际上率先组装自然光合体系和人工催化剂杂化体系实现水的完全分解;建立了太阳能聚光/光催化分解水制氢示范系统和生物制氢示范系统;提出光解水制氢,然后用光解水制得的氢进行 CO_2 加氢制太阳能燃料的两步法策略。

1. 成功发展了多种高效催化剂。发展了二氧化碳加氢制甲醇催化剂。开发了一种不同于传统金属催化剂的双金属固溶体氧化物催化剂 ZnO-ZrO$_2$,在 CO_2 单程转化率超过 10%的同时,甲醇选择性仍保持在 90%左右。该催化剂反应连续运行 500 小时无失活现象,还具有极好的耐烧结稳定性和一定的抗硫能力。传统甲醇合成 Cu 基催化剂要求原料气含硫低于 0.5ppm,而该催化剂的抗硫能力无疑可使原料气净化成本大大降低,在工业应用方面表现出潜在的优势。这些结果是目前同类研究中综合水平最好的结果。

发展了二氧化碳加氢制低碳烯烃催化剂。甲醇催化剂进一步将 ZnZrO 固溶体氧化物与改性 SAPO 分子筛串联,获得的 ZnZrO/SAPO 催化剂实现 CO_2 直接加氢制备低碳烯烃。在接近工业生产的反应条件下,烃类产物中低碳烯烃的选择性达到 80%~90%,该技术的实现为 CO_2 转化拓展了新的思路,同时也为低碳烯烃的合成开辟了新的路径。

发展了二氧化碳加氢制芳烃催化剂。进一步构建了 ZnZrO/ZSM-5 串联催化剂体系。该催化剂将 CO_2 加氢高选择性的转化为芳烃，CO_2 单程转化率为 14% 时，烃类中芳烃的选择性达到 73%～78%。该催化剂在 100 小时的反应过程中没有明显失活，为 CO_2 转化拓展了新的思路。

发展了光电驱动将二氧化碳和硫化氢两种气体协同转化为化学品的策略。该方法以廉价非贵金属为阴极催化剂还原二氧化碳，以石墨烯为阳极催化剂氧化硫化氢，利用化学环反应将硫化氢氧化为单质硫磺和质子。质子和电子被用于二氧化碳电化学还原生成一氧化碳（CO），实现了二氧化碳和硫化氢的协同转化，为天然气中有害气体的净化和资源化利用提供了一条兼具经济和环境效益的绿色途径。

发展了锰基高效水氧化催化剂。在石墨烯上高分散担载锰，直至到单核尺度，其水氧化活性突跃上升到每秒钟发生化学反应 200 次以上。这是目前报道的多相催化剂水氧化最高的活性，也达到了自然光合作用水氧化多核锰催化剂的水平。

2. 开展了千吨级液态阳光产业示范。兰州新区石化产业投资集团有限公司、苏州高迈新能源有限公司、中科院大连化物所在"第 24 届中国兰州投资贸易洽谈会"上，共同签署了千吨级"液态太阳燃料合成：二氧化碳加氢合成甲醇技术开发"项目合作协议。该项目计划突破太阳能等可再生能源电解水制氢以及二氧化碳加氢合成甲醇关键技术，建立千吨级二氧化碳加氢制甲醇工业化示范工程。该项目的签约，标志着中国首个规模化液态太阳燃料合成工业化示范工程正式启动，具有重要的生态环境效应和应用前景，对中国能源结构优化、二氧化碳减排和生态文明建设具有重要战略意义。中国"液态阳光"路线，获得 IC5 参与国的高度认可，已经采纳为 IC5 的最佳路线图之一。

（二）国际技术发展现状与趋势

国际上 1972 年藤岛（Fujishima）和本田（Honda）等采用 TiO_2 半导体单晶薄膜电极，通过光电化学催化反应实现了水的分解，获得了氢气和氧气，揭示了太阳能转化为化学能的新途径。从能源和环境的角度看，半导体光催化制氢不仅可以利用清洁可再生的太阳能制取高效清洁的氢能，还能有效减少 CO_2 的排放，缓解环境污染问题。此外，半导体光催化或光电催化分解水所需装置简单、反应条件温和，是最具有吸引力的制氢方法，也是目前最有工业应用前景的技术之一。

国际多个团队正在开展太阳光转化燃料的技术探索与研究。2018 年来自加州理工学院、剑桥大学、伊尔梅瑙工业大学和弗劳恩霍夫太阳能研究所的研究团队已成功地将太阳能直接分解水制氢的效率提高到 19%，创造了新的世界纪录。通过将由铑纳米颗粒和结晶二氧化钛催化剂涂层制备而成的太阳能电池串联，从而实现该记录。部分实验在柏林亥姆霍兹（Helmholtz-Zentrum）中心的太阳能燃料研究所进行。科研人员发现，使用太阳能电池与催化剂和额外功能层结合在一起形成"单片光电极"可以进行水解反应，即将光电阴极浸入水性介质中，当光线落在其上时，正面会产生氢气，背面会产生氧气。

（三）比较分析与评估

中国在光催化制氢方面处于国际领先水平。在国际上率先组装自然光合体系和人工催化剂杂化体系实现水的完全分解；提出了基于水相环境的含氢物质制氢理论与技术；建立了太阳能聚光/光催化分解水制氢示范系统和生物制氢示范系统。

（四）未来挑战与技术发展重点建议

目前光化学转换仍面临极大的技术壁垒和挑战。运用半导体光催化技术将太阳能转化为氢能是当前国际研究的一个热点和前沿方向，具有深远的战略意义。但半导体光催化发展近半个世纪以来，人们对光催化的理解不断加深，并取得了一系列重大进展，同时也产生了更多的科学和技术问题有待解决。其中基于半导体的光催化中光激发电子和空穴的有效分离和迁移是提高光催化效率的关键。

未来将围绕光催化制氢、光电催化制氢、太阳能热化学制氢等技术开展系统深入研究。具体如下：

1. 加强光化学转换相关基础理论研究。特别是发展先进的表征技术，如发展原位超快光谱技术，拓展超快光谱在光催化材料体系的应用范围，探索光生载流子分离、转移及反应等微观过程的机理，为催化剂的设计提供明确的理论指导。

2. 加强多学科交叉融合，结合不同学科领域的优势和经验，扩展光催化剂的设计和研发思路。设计新型高效、长寿命、绿色、低成本光催化剂（电极）及反应体系，实现规模化光催化制氢的工业应用。

六、清洁能源材料

新型材料技术及应用在清洁能源大规模开发利用中正在发挥更加重要的作用。中国在该方面的基础和布局严重不足。本次"创新使命"行动中国未参加该任务，未来亟须在材料技术研发和应用方面加快布局、加强投入。

能源材料可以按材料种类分，也可以按使用用途分。大体上可分为燃料（包括常规燃料、核燃料、合成燃料、炸药及推进剂等）、能源结构材料、能源功能材料等几大类。按其使用目的又可以把能源材料分成能源工业材料、新能源材料、节能材料、储能材料等大类。

应用于新能源系统的材料方面，包括太阳能电池材料、燃料电池材料（如电池电极材料、电解质）、氢能源材料（主要是固体储氢材料及其应用技术）、超导材料（传统超导材料、高温超导材料及在节能、储能方面的应用技术）、其他新能源材料（如风能、地热、磁流体发电技术中所需的材料）。

从新型材料的种类方面，包括新型金属功能材料（如磁性材料中的钕铁硼稀土永磁合金及非晶态软磁合金）、形状记忆合金、新型铁氧体及超细金属隐身材料、贮氢材料及活性生物医用材料等也正在向着高功能化和多功能化方向发展。新型无机非金属材料，包括工业陶瓷、光导纤维和光导体材料等。复合材料是有机高分子、无机非金属和金属等材料复合而成的一种多相材料，可分结构复合材料与功能复合材料两大类。前者主要利用其机械性能，后者则主要利用其电学、化学性能等，以及各类光电子半导体材料、各种光纤和薄膜材料、高分子合成材料、纳米材料等。

亟须加强能源新材料基础、共性核心技术的研发攻关。新型材料在清洁能源大规模开发利用中正在发挥更加重要的所用。中国也更加重视新能源材料技术和产业发展，但仍面临着诸多问题，在高性能材料和品种创新、先进加工制造技术、新型材料的应用和性能测试等方面与世界先进水平有较大差距。一些高质量、高技术关键材料还依赖国外进口。例如叶片芯材是风电叶片的关键材料，一般采用夹层结构来增加结构刚度，防止局部失稳，提高整个叶片的抗载荷能力。最常用的芯材是巴沙轻木、聚氯乙烯（PVC）泡沫及聚对苯二甲酸乙二醇酯（PET），但目前来看这三种材料都还需要进口。未来随着能源结构调整及能效、环保要求不断提升，相关的能源转化、CO_2 转化以及储能材料、催化材料等环节都需要新材料的不断研发和应用。中国在能源材料领域存在很多"卡脖子"技术，需要持续加大投入，长期支持。

七、建筑供热与制冷

建筑供热和制冷的目的是为人营造舒适的室内工作和生活环境，为设备正常运行和工业生产提供必要的温度条件和能量。为提供更加经济、舒适、环保的供热和制冷服务，建筑供热和制冷技术持续创新，更高效的和使用可再生能源的建筑供热和制冷系统不断出现，同时建筑物围护结构性能持续改善。

（一）国内技术发展现状与趋势

1. 太阳能等可再生能源与供热、制冷技术的结合

由于成本和效率优势，太阳能直接热能转换供建筑采暖是清洁能源采暖的重要手段。采用基于大容量跨季节储热技术的集中型太阳能热站区域采暖方式，将是解决中国北方建筑清洁采暖尤其是城镇地区采暖的重要技术手段和发展方向。根据国务院批复的《河北省张家口市可再生能源示范区发展规划》，其中明确指出：建设 4～6 座 10 万平方米级以上大型太阳能集中供热站，实现奥运场馆所有建筑采用可再生能源供热。规划中明确将在张家口地区建设集中型太阳能跨季节储热，至少满足 100 万平方米建筑冬季采暖要求。"十二五"部署了清华大学牵头的土壤型跨季节储热项目，50 万立方米土壤储热。中国科学院 STS 科技计划支持的河北黄帝城跨季节储热研发项目也正在设备调试阶段。

太阳能空调制冷的最大优点在于其有很好的季节匹配性。天气越热，越需要制冷的时候，太阳辐射条件越好，太阳能制冷系统的制冷量也越大。太阳能空调系统的太阳能集热器是将太阳辐射转变为热能的装置，主要有平板式、真空管式和聚焦式三种，获得温度依次升高。依据太阳能集热器集热温度的不同，可直接用于热水供应以及采暖等，还可以获得制冷效应。

2. 高效电泵在农村清洁供暖中的应用

目前市场上的热泵产品主要有空气源热泵、水（地）源热泵、热泵热水机、吸收式热泵等。在家用房间空调市场中，绝大部分产品也是热泵型的，大约占到总产量的 70%。据中国制冷空调工业协会统计，2018 中国商用热泵产品的产值超过 780 亿元。自 2016 年以来，在清洁供暖的战略指引下，国家

和各个省市密集发布促进热泵应用的政策和措施，促进了热泵技术在农村地区的大规模应用和推广。

根据环保部、国家发改委等部门于 2017 年 8 月 21 日发布的《京津冀及周边地区 2017～2018 年秋冬季大气污染综合治理攻坚行动方案》，京津冀及周边地区需要全面完成以电代煤、以气代煤任务。2017 年 10 月底前，"2+26"城市完成以电代煤、以气代煤 300 万户以上。北京市、天津市、廊坊市、保定市 2017 年 10 月底前完成"禁煤区"建设任务，散煤彻底"清零"。北京市 2016 年超过 15 万农户完成了空气源热泵的供暖改造。2017 年约 30 万农户完成空气源热泵的供暖改造。天津市 2016 年完成煤改空气源热泵约 3 万户。2017 年完成煤改空气源热泵约 10 万户。河北 2016 年逐步开始煤改空气源热泵。2017 年完成煤改空气源热泵约 4.5 万户。除京津冀地区以外，全国其他一些省市也围绕清洁能源替代工作展开了行动，如河南省在《河南省电能替代工作实施方案（2016～2020）》中提出，到 2020 年累计推广热泵应用 1 亿平方米。山东省在《关于加快推进电能替代工作的实施意见》里也提到 2016～2020年，力争新增热泵面积 5 000 万平方米以上。

3. 余热高效利用技术

热电联产乏汽余热回收技术。通常热电联产是通过采取抽凝式汽轮机和背压式汽轮机两种方式实现。中国热电厂绝大多数是大型燃煤电厂，兼顾非采暖季发电，因而基本上汽轮机都是抽汽供热方式。抽凝机组在供热工程中总会有一部分乏汽通过冷却塔排掉而没有得到利用。该乏汽余热一般占供热量的 30% 以上。山西太原古交电厂采用了多机组高背压串联的方式实现余热回收，为 6 600 万平米的城市建筑供暖，相比于传统的抽汽供热方式节能 50% 左右。

工业余热回收技术。在工业生产中也会排放出温度品位不一的工业余热。其中温度品位较高的废烟气余热一般在 100～200℃，中温的如钢铁厂的渣水余热一般在 70～100 摄氏度，还有在工业余热中占比最大的 40 摄氏度以下的设备冷却水余热以及高温余热用于发电后排出的乏汽余热。这些低品位余热对于工业生产流程已没有回用价值，往往通过各种冷却方式直接排放到环境中，即俗称的"废热"。根据中国节能协会节能服务产业委员会和清华大学建筑节能研究中心的《河北省低品位工业余热调研报告》，河北省钢铁、水泥低品位工业余热易回收热量有 13 511 兆瓦，若用于城镇供暖可以为 5.6 亿平方米的建筑提供供暖基础负荷。冬季可节约供暖燃煤 563 万吨，减少 CO_2 排放 1 500 万吨，减少 SO_2 和 NO_x 排放 5 万吨和 4 万吨。唐山市迁西县已建成钢铁厂余热利用项目，利用两个钢铁厂余热为仅 400 万平米的县城提供余热供暖服务。

燃气锅炉和燃煤锅炉（包括燃煤电厂锅炉）的烟气也蕴含大量余热。对于天然气锅炉而言，目前其排烟温度普遍较高（一般 80 摄氏度至 100 摄氏度）。当排烟温度从 58 摄氏度降低到 24 摄氏度的时候，锅炉热效率可提升 10%。对于燃煤锅炉而言，以烟煤、无烟煤、贫煤三种常用煤种为例，在 6% 的氧含量、湿法脱硫入口烟气为 110 摄氏度、出口烟气温度为 50 摄氏度的情况下，将烟气温度从 50 摄氏度降低至 20 摄氏度时，能够提高锅炉热效率 7% 以上。随着"煤改气"，天然气供热面积的增多，天然气烟气余热深度利用得到全面推广，尤其是北京、乌鲁木齐、兰州等城市燃气锅炉的烟气余热深度回收供热方式得到大量应用。北京更是全面启动燃气热电厂烟气余热回收计划，将在三年内实现天然气烟气余热供热 3 000 万平方。同时，2015 年首个燃煤烟气余热深度回收及减排一体化工程在济南北郊热电厂得到应用，并在山东、天津、甘肃、黑龙江等省份推广应用。

4. 长距离、大温差的热力输送技术

由于环境影响、土地成本、交通运输等原因，电厂和工厂普遍位于郊区，远离城市中心。要想利用电厂余热和工业余热为城市供热，必须建设长距离的输送管道，将远处的余热引入负荷中心。目前有不少城市都已规划有从外部引入热源的长途输送管道，例如河北石家庄建成了从西北部引入西柏坡电厂的 27 千米长输管道。山西太原建成了从古交电厂到市区的 38 千米长的输管线。山东济南也正在建设从东部引热的 60 千米长输管线等。

为了提高输送效率，拉大输送管道的供回水温差是重要的方法。常规供热一次管网的设计温度为 130/70 摄氏度，供回水温差 60 开尔文。如果把回水温度降到 20 摄氏度，供回水温差拉大到 110 开尔文，那么同样的管径、同样的流量下，长输管道能够输送的热量可以提升 80%，从而大幅度地降低输热成本、增加经济供热半径。在城市末端位置应用吸收式换热技术可以利用高温供水的品位作为驱动以降低回水温度，是大温差供热的核心技术，目前在山西太原已规模应用，在唐山迁西、内蒙古赤峰等地有示范工程。

（二）国际技术发展现状与趋势

在全球范围内，建筑物占最终能源消耗的近三分之一。在欧洲发达国家中甚至占到 40%，其中供暖和制冷所消耗的能源占主要部分。

1. 欧洲太阳能区域跨季节储热建筑采暖技术已有较多应用。太阳能区域供热技术指太阳能集热系统作为热源通过大容量跨季节储热，实现区域集中供热。目前全球在建的太阳能跨季节储热水体最大为 20 万立方米。德国和丹麦太阳能区域供热技术已进入大规模发展阶段。德国、奥地利等国太阳能跨季节储热也有较多分布式应用。

1988 年，丹麦建成了世界上第一个太阳能区域供热站，集热器 1 000 平方米，到 2014 年底，丹麦太阳能区域供热项目数 41 个，总计集热器面积超过 30 万平方米。丹麦是目前全球最大的太阳能区域跨季节储热建筑采暖技术、产业和应用大国，拥有高性能平板太阳能集热器及跨季节储热技术。生产和供给能力自给自足。目前丹麦全国太阳能跨季节储热建筑面积达 1 860 万平方米。其双盖板及蓝膜技术的平板集热器的效率中，截距效率达到 0.75，斜率为 4.2，跨季节储热效率达 60% 以上，建筑采暖的太阳能分数达到 98%。

2. 被动太阳能建筑技术发展较早。美国在被动太阳能建筑技术的发展方面起步较早，如 f 图法、Φ-f 图设计方法都是目前太阳能建筑设计的主要方法。德国也已有 1 万多套被动房，并确立了相应的标准。2014 世界被动式房屋大奖最佳公寓类建筑奖颁给德国一栋建筑。整个建筑一次能源需求仅为 72 千瓦时/平米年。奥地利每年新建的建筑中，被动房约占 9%。

3. 未来可再生能源将在供暖、制冷中发挥更加重要的作用。欧洲可再生能源供热制冷技术创新平台（RHC-ETIP）2019 年发布了《欧洲 100%可再生能源供热与制冷 2050 年愿景》报告，提出到 2050 年实现欧洲供热和制冷完全使用可再生能源的发展目标。该愿景从城市、区域能源网络、建筑、工业等不同应用领域，确定了到 2050 年实现完全可再生能源供热和制冷的技术发展战略框架，总结了欧盟用于供热和制冷的各种可再生能源技术最新现状及开发潜力。

4. 第四代热网概念提出。国际上通常把供热系统的发展历程分为四个阶段。目前城市供热系统已经经历了三代热网的变化，正朝着第四代供热系统发展。第一代供热系统的主要特征是蒸汽管网，蒸汽供热温度高达 200℃，冷凝回水温度高达 80℃；第二代供热系统的特征是热水管网，供水温度往往在 100℃以上，回水温度高达 70℃；第三代供热系统由于换热性能和保温性能的提高，供回水温度低于 100℃，并且回水温度可以降低到 45℃以下。在前三代热网的基础上，北欧国家提出来了第四代供热系统的理念，其以生物质、可燃固体垃圾以及地下水、海水等环境低温热量为主要发展热源。为了适应这些热源的发展需求，同时降低管网热损，第四代热网以低温供热为特征，其目标是低于 50℃的供水温度和接近 25℃的回水温度。

（三）比较分析与评估

中国近年来在建筑供暖、制冷技术研究与系统建设方面取得了较大进步。多种新型供暖、制冷技术得到了应用。可再生能源供热、制冷比例有一定提高。建筑太阳能采暖、太阳能空调、太阳能蓄热等关键技术取得了重大进展，具备了一定的技术基础和实践经验。尤其在供暖领域，在广阔市场需求驱动和国家政策支持下，围绕"清洁供暖"和"低温供热"的热点，中国形成了一系列自主研发技术，例如能在冬季低温（−30℃）运行的空气源热泵、热电联产和工业余热回收技术、大温差长距离输送技术等，建成了多个大型示范工程，具有中国特色性和国际领先性。当然，由于中国供暖和制冷存量市场大，技术起步相对较晚，因此整体能效水平与一些可再生能源利用技术和储能技术与国际仍有差距。

1. 在建筑供暖中煤炭所占比例仍然偏高，可再生能源占比较低。截至2017年，中国北方城镇供暖面积为140亿平方米，热需求总量50亿吉焦。一次能源消费量达2.01亿吨标煤，约占建筑总能耗的四分之一。其中中国目前的供热热源仍以燃煤为主。燃煤锅炉的供热面积占到了集中供热总面积的33%。可再生能源在集中供热中的占比仅1%。而2015年欧盟集中供暖中可再生能源占比达28%。

2. 建筑供暖、制冷中的可再生能源利用技术尚有差距。中国太阳能热水器利用规模全球领先。太阳能跨季节储热利用技术与丹麦、德国差距仍然较大。中国尚处于技术研发验证到规模化示范验证阶段，国际上已经处于商业推广时代。光伏建筑一体化和光热建筑一体化技术应用较为成熟和广泛，但存在功能单一、可调节性差、成本高和对太阳能综合利用效率不高、稳定性差等问题。

（四）未来挑战与技术发展重点建议

建筑供暖、制冷方面的问题和挑战如下：

1. 传统燃煤供暖方式污染问题依然严重。城郊地区供暖燃烧的散煤是空气污染的主要来源之一。随着余热利用率的提高，利用包括清洁高效的燃煤热电联产、可再生能源供暖在内的方法提高区域供暖系统的效率，能够更好地降低对环境的负面影响。

2. 亟待提升可再生能源供暖经济性，探索推广模式。有必要采取进一步行动，把建设更清洁高效的建筑供暖和供冷系统提升为行动重点，推动制定关键政策，开发经济可行的可再生能源供暖、制冷关键技术，降低供暖和制冷系统的能源强度和排放足迹，探索灵活多样的推广模式。

3. 热电气之间的矛盾逐渐凸显。其中在热和电的矛盾方面，随着中国风电、光电的飞速发展，不确定性可再生电源在电源总量中的比例逐渐加大。由于北方电网缺少足够的灵活电源，出现了大量的弃风弃光现象。2015 年中国平均弃风率已达 20%。甘肃、新疆、吉林等地区弃风率超过 30%。这些弃风现象都集中发生在冬季，与供热期间大量燃煤电厂转为热电联产运行方式，丧失了对电力的调峰能力密切相关。

热和气的矛盾。中国天然气资源有限，目前天然气消耗量近一半依靠进口，气荒问题已成为常态。在北方地区城镇供热中，目前推行的"煤改气"易出现严重的问题，包括天然气供应保障、天然气供暖也产生大量氮氧化物等大气主要污染物、天然气热电联产热电比小与城市热电比大不相匹配，以及天然气供热成本高等问题。

未来将重点开展如下工作：

1. 因地制宜推广可再生能源在建筑供暖、制冷领域中的应用。利用中国丰富的可再生资源，特别是太阳能、地热资源和生物质等，实现供暖（供冷）能源的多元化，进一步降低煤炭消费。突破北方农村及中小城镇太阳能采暖技术、南方热湿气候区小型太阳能空调及除湿技术，以及太阳能复合能源采暖、空调和太阳能集热与热泵耦合热水系统应用技术。研发太阳能跨季节蓄热区域供暖、被动太阳能建筑技术，以及主动与被动方法耦合的太阳能采暖技术；研发适应太阳能集热器温度变化的变效吸收式空调、多级吸附式空调技术。

2. 充分挖掘热电联产和工业余热，推广以余热为主的城镇集中供热系统。热量资源量巨大的电厂余热和工业余热完全有能力担当未来很长一段时间城镇供暖热源的主力。因此,应该充分开展余热资源调研,研究顶层规划余热回收低温供热系统方案,以及与此系统相适应的热价机制和商业模式,进一步推进技术发展和工程应用。

3. 促进各类热泵供暖、电采暖、核能供暖技术创新,发挥作为辅助补充热源的作用。考虑到热电联产和工业余热资源分布的不均匀性,不可能完全覆盖所有供热区域,尤其是城市郊区和农村,因此在热电联产和工业余热系统管网不可及的区域,应充分发挥各类热泵、电采暖、核能供暖(包括核电热电联产和低温小堆供热)的辅助补充作用,推进技术创新,研究技术适宜性、商业模式和政策机制。

4. 开展热、电、气多能协同技术研究。供热是能源领域的一个组成部分。研究供热问题,应该从整体能源的高度分析,才能获得更加完整客观的解决方案。研究改变热电联产模式,由原来的"以热定电"转变为"以电定热"或者作为电力调峰的热电联产。研究天然气在供热中的合理利用模式,尤其适用于集中供热系统的调峰热源。但相应地燃气作为供热的调峰,天然气在冬季用量出现峰值的问题会更加突出,涉及季节性储气问题,因此需研究天然气热源的合理调峰比例。

八、绿色氢能

绿色氢能是利用清洁的可再生能源产生的氢能。氢能是一种来源广泛、绿色、高效的二次能源,未来将成为中国能源系统的重要组成部分。

(一)国内技术发展现状与趋势

目前中国已初步具备发展氢能源的技术和产业基础。

1. 中国制氢规模已位居世界首位。目前中国是世界第一大氢气生产国,已连续多年居世界首位。2018 年产氢量达到 2 100 万吨。中国还建立了世界最大规模的煤制氢及纯化装置，年产 18 万吨氢气。近年来每年纯度 99% 以上的氢气使用量约 700 亿立方米（约 600 万吨），年产值 1 200 亿元人民币以上。在储氢技术方面，固定式高压储氢技术和固态储氢材料等处于国际先进水平，已建成加氢站 23 座，占全球 6%。中国燃料电池开发以车用质子交换膜燃料电池为主，已经具有系统自主开发能力且生产能力较强。电堆及产业链企业数量逐渐增长，产能量级提升，到 2018 年中国电堆产能超过 40 万千瓦。

中国风电、光伏装机规模均已居世界首位，预计未来还将快速增长。假设将可再生能源全部用于制氢，年产氢量可满足 1 亿辆以上燃料电池汽车的使用需求。张家口沽源风电制氢综合利用项目已经开始建设，引进德国技术及设备，年制氢设计指标 1 752 万立方米（一个标准大气压下）。中国制造的碱性电解水制氢装置性价比高，已出口欧美。中国风光资源与天然气管网资源地理匹配性较好，未来通过风光等可再生能源制取的氢气可借助已有天然气管网进行输送。

2. 中国稀土储氢材料资源丰富。稀土储氢材料连续三年产量基本保持 1 万吨/年，居世界首位。20 兆帕以下高压气态储氢钢质气瓶产量占世界的 70% 以上。

3. 中国燃料电池产业链已初具雏形。培育了一批从事燃料电池及相关零部件开发生产的小微型企业。燃料电池汽车、通信基站用燃料电池备用电源等商业化示范取得阶段性进展。中国目前已成为国际固体氧化物燃料电池核心部件的开发和生产基地。固体氧化物燃料电池电解质及单电池产量占全球 80% 份额。200 辆燃料电池汽车在 2008 年北京奥运会及 2010 年上海世博会上进行了成功示范运行，并配套建成了四座示范加氢站。上汽集团研制的燃料电池车队在 2015 年进行全国巡游。中国移动、中国联通和中国电信已在上海、江苏、黑龙江、广州、武汉等多省市完成了近百台燃料电池备用电源的示范运营，并有意向推动规模化商业应用。近年通过与巴拉德等国际知名燃料电池公司的合作，燃料电池电堆的产能和制造水平得到了迅速提升。

上述"制氢—储氢—输配—应用"等全产业链的良好基础为中国发展氢能源利用产业创造了有利条件。

（二）国际技术发展现状与趋势

全球范围来看，世界主要发达国家从资源、环保等角度出发，都十分看重氢能的发展。氢能和燃料电池已进入大规模商业化推广的关键时期。截至2018年12月，全球燃料电池乘用车销售累计超过12 000辆。2017年全球燃料电池的装机量670兆瓦，其中移动类装机量455.7兆瓦，固定式装机量213.5兆瓦。截至2018年年底，全球共有369座加氢站，其中欧洲拥有152座，亚洲拥有136座，北美洲拥有88座。目前氢燃料电池及氢燃料电池汽车的研发与商业化应用在日本、美国、欧洲迅速发展，在制氢、储氢、加氢等环节持续创新。

1. 国际上氢能技术已趋于成熟，处于前期商业化应用阶段。正朝着提高能效、降低成本的方向发展。迄今，欧、美、日、韩企业获得的相关专利数已达几万件。大规模制储氢技术取得突破。水电解制氢的能耗已降至3.8千瓦时/平方米（一个标准大气压下）。单车运氢能力已达10 000立方米。单个加氢站的储氢能力已达1吨。欧盟已建成8个风电制氢示范点，累计产氢100多吨。2017年还新增全球最大的6兆瓦质子交换膜（Proton Exchange Membrane, PEM）电解水制氢示范项目。燃料电池性能与寿命已达到实用化目标。燃料电池发电模块功率已达兆瓦级。家用燃料电池热电联供系统使用寿命已可达到6~7万小时。截至2016年底，美国已建成235兆瓦的大型燃料电池电站；已有1 600多辆燃料电池车投入使用，比上一年330辆增加了5倍。同时11 000多辆燃料电池叉车在没有补贴情况下进入市场运行。迄今日本约1 800辆燃料电池轿车和2辆燃料电池巴士投入运行，建成92座加氢站，销售194 710个家用燃料电池热电联供系统。同时，氢能燃料电池的基础研究十分活跃，采用Ⅲ~Ⅴ半导体多结太阳能电池直接分解水制氢效率已达到

16.2%。87.5 兆帕固定式储氢装置设计已获得美国机械工程师协会批准。储氢率达 10% 以上的新型轻质储氢材料不断出现。非贵金属燃料电池催化剂的催化活性在碱性电解质体系中已与铂基催化剂相当。

2. 燃料电池发电已实现小规模商业化应用。燃料电池产量持续增长。丰田、松下、EON、西门子、通用电气等世界 500 强企业纷纷涉足氢能源领域。2017 年 1 月由法液空、壳牌、道达尔、戴姆勒、宝马、丰田等 13 家国际重要的能源和汽车企业在达沃斯论坛发起建立氢能联盟。全球氢能燃料电池市场化呈加速态势。美国 2016 年氢气产量已经超过 1 000 万吨，预计美国氢气市场规模将达到 6 万吨/年。2016 年全球生产燃料电池 479 兆瓦，比 2015 年增长三分之二。其中车用燃料电池产出达到 289 兆瓦，比 2015 年增加一倍，首次超过固定式燃料电池发电装机容量。各大企业正在努力创新商业模式、创造世界经济新增长点、扩大批量规模、迅速降低成本、开展示范运营，以期在下一轮产业结构转变中占领先机。

（三）比较分析与评估

目前中国制氢规模国际领先，技术发展总体处于跟跑阶段，太阳能光催化制氢、液\固态储氢等部分技术领跑或并跑阶段。中国氢能基础研究与国际水平相近，甚至有超越趋势，但总体技术水平、产业化开发和市场培育与先进国家的差距依然较大。氢能技术发展相对滞后，产品规模化应用的技术可靠性还有待提升。政策扶持力度不足，使得氢能产业发展依然存在巨大挑战。

1. 电解水制氢技术是未来发展重要方向，与国际差距较大。中国 PEM 电解水制氢技术尚处于工程化开发阶段，而国际上 PEM 电解水制氢技术已经成熟。制氢装置进入批量生产阶段。中国可再生能源制氢示范还处于起步阶段，而国际上已进行了兆瓦级规模的示范。

2. 储氢技术亟待突破。中国尚无 45 兆帕碳纤维缠绕运氢瓶组，而国际上已进入产品测试阶段。中国仅有少量固态储氢在燃料电池基站的演示验证，而国际上已进行了储存 1 吨氢的固态储氢示范运行。中国在氢安全方面仅有个别研究，而国际上已经开始制定系列氢安全标准规范。

3. 燃料电池技术寿命和可靠性差。燃料电池技术还处于实验室阶段及商业化前期，而国际上总装机容量已超过百兆瓦级，进入商业化运行。中国应急备用电源应用刚达到百台级规模，而国际已进入商业化应用，达到万台级规模。

（四）未来挑战与技术发展重点建议

氢能方面面临的问题与挑战具体如下：

1. 在制氢技术上最大挑战是降低成本。开发清洁、可持续、低成本的制氢方法是实现氢能经济的关键技术之一。中国在天然气制氢设备及催化剂开发方面与国际水平还有很大差距，需要进一步提高。PEM 水电解制氢技术尚处于从研发走向工业化的前期阶段，规模上与国外产品还有距离。

2. 高储氢密度、高安全性氢储运技术研发亟待加强。车载高压储氢及氢输运等技术落后于国际。高压气态储氢罐在压强和质量储氢密度方面均低于国际技术水平。应加快轻质、耐压、高储氢密度、高安全性的新型储罐的研发工作。固态储氢和车用储氢装置配套给燃料电池供氢的用量还不大，仍存有技术上的难题且产业化成果鲜有突破。加氢站建设还属于薄弱环节，所需的关键部件没有量产的成熟产品，大多依靠进口。

3. 国产化催化剂和质子交换膜是氢燃料电池发展亟需解决的核心材料问题。燃料电池核心技术与世界最先进技术仍存在较大差距。中国国内针对固体氧化物燃料电池（Solid Oxide Fuel Cell, SOFC）产业配套不足。技术难点在于长寿命、高可靠性电堆的设计、生产技术和热平衡系统，从而导致 SOFC 商业应用滞后于世界先进水平。

未来将重点在以下方面开展研究，具体包括：

1. 大规模电解制氢技术。突破大功率碱性水电解制氢关键技术、大型化电解装置制造和装配技术、高性能电解制氢关键材料的开发以及批量化生产工艺技术、宽电压适应性的高强度电解池材料技术。

2. 燃料电池技术。长寿命低成本电解质材料，环境适应性强的催化剂新材料；具有产业化价值固体氧化物燃料电池和质子交换膜燃料电池的电解质、单电池组件和长寿命电堆工程化制备技术；大功率分布式燃料电池系统和家用分布式燃料电池热电联供系统设计集成技术与装备。

3. 氢能与可再生能源、智能电网的协同利用技术。围绕可再生能源大量富余电力的储能需求，重点突破规模化电解制氢和并网传输技术，集成可再生能源供电端与电解制氢响应端的通信和控制技术，建立电网与管网从社区园区、区域经济带到全国广域规模的调度决策平台和综合安全保障体系。

第四章 "创新使命"部长级会议

"创新使命"部长级会议是巴黎气候大会期间确立的常设性全球高级别论坛合作机制。自 2016 年起每年召开一次，由各成员国轮流主办，并和清洁能源部长级会议联合举办。在已召开的四届部长级会议上，各国部长级领导率代表团出席，讨论和决策 MI 的工作计划和实施方案，并交流取得的阶段性合作成果等。部长级会议还为各国提供了介绍其在 MI 框架下的清洁能源科技创新计划行动和发展战略的机会，并为建立广泛合作提供条件。

第一节 四届部长级会议

已连续举办四届的"创新使命"部长级会议召开时间地点和议题见表 4-1。各届部长级会议对清洁能源技术趋势和战略政策定位进行了多方面交流和深入研讨，成员达成了大力发展清洁能源技术创新和产业化推广的广泛共识。

第一届"创新使命"部长级会议（MI-1）于 2016 年 6 月 1~2 日在美国旧金山举行。本次大会由美国能源部主办，来自清洁能源部长级会议成员和观察员国家、"创新使命"成员国与欧盟的近 30 名部长级代表、国际能源署署长、联合国工业发展组织总干事和国际可再生能源署等国际组织高官，以及来自企业界、投资界、学研界和非政府组织共计 800 余名代表出席会议。国

表 4-1 历届 MI 部长会议

MI 部长会议	时间	地点	议题
第一届	2016 年 6 月 1~2 日	美国旧金山	包括全球能源决策者、商界领袖、清洁能源专家等在内的与会人士展开多轮圆桌会议和专题小组讨论，以推动有影响力的实际行动，加快全球向清洁能源过渡。
第二届	2017 年 6 月 7~8 日	中国北京	①评估 2016 年 6 月 1 日首届"创新使命"部长级会议以来的工作进展；②重申成员非常重视创新在推进和实现能源安全与环境目标方面的作用；③支持和推进 MI 成员自愿开展的国家、双边、区域及多边行动，以加快清洁能源的创新步伐，降低成本，使价格合理的清洁能源得到广泛应用；④介绍 MI 成员研发计划和优先事项的最新进展，发布成员的公开信息；⑤向成员 MI 如何继续参与研发合作发表意见并进行讨论；⑥为 MI 指导委员会及 MI 秘书处就业计划制定和优先事项提供指导。
第三届	2018 年 5 月 23~24 日	瑞典马尔默	①大力推动公共部门对 MI 成员国家级清洁能源研发的投资；②增和省部门参与能源创新投资，特别是在关键的创新挑战中；③更多数的参与者并加快应对各项创新挑战的进展；④提高 MI 成员和能源界对能源创新转型潜力的认识。
第四届	2019 年 5 月 28~29 日	加拿大温哥华	①MI 成员发起了新举措、新方案的开发，以加快清洁能源创新的步伐和规模；②MI 成员正在推进突破性技术解决方案的开发，以满足最紧迫的清洁能源需求；③支持和推进 MI 成员自愿开展的国家、双边、区域及多边行动，以加快合理的清洁能源创新的最新进展，降低成本，使价格的公开信息；④介绍 MI 成员研发计划和优先事项的最新进展，发布成员的公开信息；⑤成员就 MI 如何继续参与研发合作发表意见并进行讨论，以及如何与私营部门开展合作。

家主席习近平致贺信，对会议召开表示热烈祝贺，并强调本届会议是联合国气候变化巴黎大会以来在清洁能源领域举行的重要高层论坛，体现了国际社会对清洁能源开发和应用的共同关注。科技部副部长阴和俊率领由科技部、国家发展改革委和国家能源局组成的中国政府代表团参会。

MI-1 作为 MI 在 2015 年巴黎气候变化大会上发起后的第一次部长级会议，20 个发起国部长级代表均到会，并且欧盟作为第 21 个成员宣布加入。美国作为 MI 最重要的发起国，承办本次会议，积极推动了 MI 的实施。MI-1 最重要的成果是各成员宣布了 MI 框架下清洁能源研发投入倍增基线和倍增目标。21 个成员国和组织在清洁能源领域研发投入占世界总投入的 80%，均承诺五年后在 MI 框架下的清洁能源领域实现倍增。

图 4-1 各国元首在 MI-1 会议上的合影（法国巴黎，2015 年）

第二届"创新使命"部长级会议（MI-2）于 2017 年 6 月 7～8 日在北京国家会议中心成功举办。国家主席习近平向会议致贺信。中共中央政治局常委、国务院副总理张高丽出席开幕式并致辞。来自 MI 的 23 个成员澳大利亚、巴西、加拿大、智利、中国、丹麦、芬兰、法国、德国、印度、印度尼西亚、意大利、日本、墨西哥、荷兰、挪威、韩国、**沙特阿拉伯**、瑞典、阿联酋、英国、美国以及欧盟委员会部长及代表团团长参会。

本次会议由中国科技部主办，与第八届清洁能源部长级会议同时举行。

中国科技部部长万钢担任会议主席，欧盟委员会能源联盟副主席马洛斯·舍甫科维奇担任联席主席。会议主席万钢部长在会议开幕式上强调了各国在加快创新步伐、全球范围普及价格合理的清洁能源等方面所发挥的重要作用，重点强调了 MI 平台的协作性质。MI 平台汇集了全球清洁能源研发领域的多个主要公共资助方，同时吸引和鼓励私营部门的参与。他还强调了 MI 平台的独特性。成员可以在这个平台上分享有关研发需求和优先事项的信息，参与联合研究，并独立决定各自发展清洁与安全能源的未来路径。

会议上发布了由美国主导完成的"创新使命"行动计划（Mission Innovation Action Plan），对 MI 总体目标、四项行动计划及组织构架和管理模式进行了阐述，详见附录七。中国积极承办本次会议，也彰显了对于清洁能源科技创新的重视和在 MI 成员中的地位，并产生了积极的国际影响。

图 4-2 第二届 MI 部长级会议部长合影

第三届"创新使命"部长级会议（MI-3）于 2018 年 5 月 23～24 日在瑞典马尔默举行。会议由欧洲委员会（代表欧盟）、丹麦、芬兰、挪威、瑞典和北欧理事会共同主办。来自中、澳、法、德、印、韩、英、美等 24 个国家与欧盟的部长级代表，以及一些国际知名科研机构、企业及联合国工发组织、国际能源署等国际组织代表出席会议。中国科技部副部长李萌率中国代表团出席会议。国家能源局、国家发展改革委环资司、科技部相关司局代表参会。中方在会上多次发言表达主张，介绍了中国以五大发展理念引领高质量发展的做法，提出了中国行动方案，引起各国高度关注和赞赏，有关提议得到各国积极赞同和响应。中国在清洁能源技术研发创新和部署领域的具体行动举措与成效得到各方关注和赞赏。丹麦、英国、芬兰等多国主动提出进行双边、多边会谈，探讨更多合作机会，显示中方在 MI 机制中的影响力日益上升。

本次会议发布了执行"创新使命"行动计划 2018～2020 文件，详见附录八。该文件由欧盟委员会牵头完成，对完成 MI-2 发布"创新使命"行动计划中的四项行动计划的具体实施方案进行了阐述，也标志着欧盟代替美国在 MI 的主导地位。

图 4–3 第三届 MI 部长级会议部长合影

第四届"创新使命"部长级会议（MI-4）于 2019 年 5 月 28～29 日在加拿大温哥华举行。会议发布了 MI 影响力评估报告，重点展示了 MI 自发起四年来在加速清洁能源科技创新和产业化推广方面取得的成绩和产生的国际影响力，希望后续在第二阶段提出更宏大的目标和实施行动。同时，会议期间还举行了第一届 MI 领军者的颁奖仪式。来自各成员的 19 位能源领域专家学者和企业领袖被授予 MI 领军者称号，表彰他们对推动清洁能源创新发展和革命做出的贡献。另外，世界银行在 MI-4 上发布了一个新的国际伙伴关系——储能伙伴关系（Energy Storage Partnership, ESP），由世界银行集团和 25 个国际组织联合发起，将新技术引入发展中国家的电力系统，共同帮助开发适合发展中国家需要的储能解决方案。MI 是 ESP 的成员之一。

中方代表团在 MI-4 会议上多次发言表达中方主张，向与会代表介绍中国清洁能源发展现状、政府引导清洁能源投资的进展及应对清洁能源发展问题的解决办法，围绕会议主要议题提出中国行动方案，得到各国积极赞同和响应。2018 年，中国在清洁能源领域的投资继续领跑全球，在清洁能源技术研发创新和部署方面的具体行动举措与成效得到各方关注和肯定。中国在清洁能源部长级会议（Clean Energy Ministerial, CEM）框架下联合牵头的电动汽车倡议及在 MI 框架下联合牵头的智能电网创新挑战的参与成员持续增加，合作成果日渐丰硕，形成了如电动汽车展望、智能电网国家报告等实质性产出，成为机制合作的优秀范例。在部长级会议之外，陈霖豪副司长出席了"创新使命"——领军者计划颁奖仪式、智能电网研讨会并致辞，还与意大利经济发展部副部长联合主持主题为数字经济与电气化未来的圆桌会。

第五届"创新使命"部长级会议原定于 2020 年 9 月在沙特阿拉伯召开，受 COVID-19 影响会议采用线上形式。各国根据各自能源战略需求和关注重点领域，提出可开展深入务实科技合作的任务和更宏伟的目标。关注领域包括高比例可再生能源电力系统、氢能及低碳城市等。

图 4-4 第四届 MI 部长级会议部长合影

第二节 MI 部长级会议体现的发展趋势及其影响评估

从四届创新使命部长级会议的情况，可以看出国际社会对清洁能源技术发展的趋势和态度。

1. 国际上对清洁能源特别是可再生能源技术发展一如既往地重视。

虽然中国、美国、欧盟较难实现倍增目标，但对清洁能源技术研发的政府投入还是在大幅度增加，远大于其经济增长的速度。即使美国退出倍增计划，美国当局更重视煤炭等化石能源，但美国对可再生能源的投入没有减少。欧盟、日本可再生能源产业特别是在光伏方面，无论是市场还是产业规模都被中国超越，但其对新技术的研发投入也在持续增加，特别是对未来产业潜力巨大的氢能和新能源汽车产业。近几年，中国特别重视氢能、新能源汽车技术的研发。中央层面的支持力度持续增加，对洁净煤、智能电网技术持续支持。在可再生能源技术研发国家层面的投入减少，需要引起重视。可喜的是可再生能源企业的投入持续加大，保证了中国在可再生能源产业的领先地位。

2. 以技术创新推动能源变革和经济低碳转型成为世界各国的普遍共识和共同行动。

以气候变化为代表的全球环境问题日益凸显。保护全球生态安全，实现绿色低碳发展成为世界范围内可持续发展的核心议题。2015 年底巴黎气候大会通过的《巴黎协定》，确立了 2020 年后全球应对气候变化的新机制。这意味着到本世纪下半叶，全球要实现净零排放，即意味着要结束化石能源时代，建立以新能源和可再生能源为主体的低碳甚至零碳能源体系。

全球应对气候变化紧迫目标将加速世界范围内能源转型。先进低碳能源技术创新和产业化发展成为新的经济增长点和国家核心竞争力，同时也推动了各国对未来能源体系去煤化去油化的认识并积极采取行动。世界上很多国家制定了本国的能源转型路线图。如 2018 年末，欧盟委员会发布"欧盟 2050 战略性长期愿景"，目标于 2050 年实现净碳排放量为零。瑞典明确 2030 年交通能源完全摆脱化石能源，2040 年实现 100%可再生能源。丹麦和冰岛明确 2050 年实现零化石能源。德国的目标是 2050 年温室气体减排 80%～95%，可再生能源占一次能源60%以上，电力系统中可再生能源超过 80%。在欧洲之外，也有很多政府提出很高的能源转型目标，如美国夏威夷州和加利福尼亚州制定了 2045 年电力系统 100%可再生能源的目标。

各国在能源转型的总目标有所不同，各国转型策略的重点也有所差异。如德国确定了 2022 年弃核的目标，2038 年前逐步停运煤电厂。法国政府在此前提出的"2035 年能源构想"中明确，到 2035 年，法国核电在电力结构中占比预计将减少至 50%左右，可再生能源装机量预计将大幅上涨。英国宣布 2025 年弃用煤电。英国和法国宣布 2040 年禁售燃油车，而挪威则明确在 2025 年就要禁售燃油车。

中国亦在可持续发展框架下，制定有应对气候变化、推动能源革命、实现低碳发展的目标和战略。制定并实施《能源生产与消费革命战略 2016～2030》，提出控制能源消费总量，2020 年低于 50 亿吨标准煤当量，2030 年低于 60 亿吨标准煤当量。2050 年能源消费总量趋于稳定，并部署"非化石能源跨越发展行动"，提出"两个 50%"的非化石能源发展目标。即到 2030 年，非化石能源发电量占全部发电量的比重力争达 50%。2050 年能源消费总量基本稳定，非化石能源占比超过一半。

3. 高比例乃至 100%可再生能源是未来能源系统技术发展的主要趋势。

国际上 65 个国家承诺 2050 年实现 100%可再生能源。丹麦、挪威、芬兰等国家甚至调整其发展规划，以更早实现 100%可再生能源电力及碳中和。300 多个城市自发承诺实现 100%可再生能源城市。数百个公司承诺要 100%使用可再生能源。中国青海省实现 15 日 100%可再生能源电力供给。中国科技部在"十三五"期间也大力支持高比例和 100%可再生能源技术的研发示范。

4. 国际社会需要开展更广泛的合作以达成巴黎气候大会目标。

要减排温室气体，达成巴黎气候大会的目标，需要国际社会付出巨大努力。各国的政治体制、发展阶段不同，需要各自承担共同但有区别的责任。近年出现的逆全球化倾向值得关注，需要各国站在人类未来前途命运的角度通力合作，打造人类命运共同体。

中国在环境保护、减排温室气体方面付出了巨大努力，特别是太阳能、风能多年新增和累计装机容量世界第一，在部长级会议上也彰显了中国的影响力和地位的提升。

1. 中国在清洁能源技术领域的影响力越来越大，地位明显上升。

中国积极参加清洁能源部长级会议，提升了国际影响力。越来越多的国家了解了中国在技术研发方面的巨大进步。中国光伏、风电等产品有全世界最完善的产业链、最好的性价比。这主要来自于产业各环节的持续技术改进和进步。

2. 中国在清洁能源方面的投入及可再生能源装机容量的持续上升得到了国际社会的普遍认可。

作为发展中国家，中国在清洁能源投入方面一直名列前茅。风电、太阳能等可再生能源的装机容量多年保持世界第一。中国在减排温室气体方面的巨大贡献被越来越多的国家了解和认可。

3. 国际上和中国清洁能源技术与产业方面的合作越来越广泛。

中国清洁能源产业的技术进步和产业规模的主导地位，使发达国家、发展中国家和中国科技界、产业界合作的意愿更加强烈。除中国的产品出口量和出口范围持续扩大外，国际上在科研、产业技术方面和中国的合作也在逐步加大。

第五章 "创新使命"框架下中国可再生能源技术与产业发展

中国正在持续加强落实"四个革命、一个合作"的能源安全新战略，加快构建"清洁低碳、安全高效"的现代能源体系，加快推进能源转型，推动清洁能源成为能源增量主体，实现能源高质量发展，以大力推进生态文明建设进程。在此背景下，国家大力推动非化石能源替代化石能源、低碳能源替代高碳能源，优先发展可再生能源，促使实现能源资源的高效清洁利用。大力发展水能、风能、太阳能等可再生能源，构建高比例可再生能源体系是构建现代能源体系的重要路径，是优化能源结构、保障能源安全、推进生态文明建设的重要举措。

近年来随着"清洁、低碳、安全、高效"能源体系的构建与完善，中国煤炭消费占比逐渐下降。天然气、核电、水电、风电、太阳能发电等清洁能源消费占比逐步提升。能源消费结构向清洁化、低碳化转型加快。二氧化碳、二氧化硫等减排成效显著。2019 年，清洁能源消费占比达 23.4%，比 2018 年上升 1.3 个百分点。其中非化石能源消费占比达 15.3%，提前一年达到 2020 年非化石能源消费占比 15% 的发展目标。

中国可再生能源开发利用取得明显成效。2019 年水电、风电、太阳能发电等能源种类累计装机规模均居世界首位，在能源结构中占比不断提升，可再生能源消费占比是非化石能源消费占比的绝对主体。

第一节　可再生能源总体形势

可再生能源作为国家能源转型的重要组成部分和未来电力增量的主体，2016 年以来，其发电装机容量和发电量保持了稳步增长，促进了能源转型有序推进。

一、可再生能源装机容量及发电量稳步增长

2016～2019 年，中国可再生能源发电装机容量年均增长率约为 12%，在全国电力总装机容量中，占比分别从 2016 年的 34.4%提升到 2019 年的 39.5%。火电装机容量占比从 63.5%下降到 58.0%。可再生能源发电量年均增长率约 10%，在全国电力总发电量中，占比从 2016 年的 25.7%提升到 2019 年的 27.9%。

从装机容量增量来看，2016～2019 年可再生能源新增装机容量在总新增装机容量中占比均超过 50%，领先化石能源新增装机容量。2019 年可再生能源新增装机容量占比为 57.7%，较 2018 年（66.0%）略有下降。从发电量增量来看，在火电发电增速放缓、清洁能源消纳问题改善等多方面因素影响下，2019 年可再生能源发电增量在总新增发电量中占比约为 53.3%。新增发电量占比较 2018 年明显回升。

二、风电、太阳能发电等新能源成为可再生能源发展主体

2016～2019 年，风电、太阳能发电和生物质发电等新能源发展迅速。新

能源装机容量及发电量在全国可再生能源总装机容量及发电量中占比均保持稳步提升。新增装机容量在年度新增可再生能源装机容量中占比均超过 80%。截至 2019 年年底，中国新能源累计发电装机容量达 43 848 万千瓦，在可再生能源发电装机容量中，占比从 2016 年的 41.5%提升到 2019 年的 55.2%。2019 年新能源发电量 7 411 亿千瓦时，同比增长 16.9%，在可再生能源总发电量中，占比从 2016 年的 24.1%提升到 2019 年的 36.3%。

三、2019 年可再生能源发电装机情况

截至 2019 年年底，中国各类电源总装机容量为 201 006 万千瓦，同比增长 5.8%。其中火电装机容量为 116 588 万千瓦，核电装机容量为 4 874 万千瓦，可再生能源发电装机容量为 79 488 万千瓦。2019 年可再生能源装机容量占全部电力装机容量的 39.5%，相比 2018 年装机容量增长 8.7%，增速较 2018 年（11.7%）有所下降。

可再生能源发电装机中，水电装机容量为 35 640 万千瓦（含抽水蓄能装机容量为 3 029 万千瓦），风电装机容量为 21 005 万千瓦，太阳能发电装机容量为 20 474 万千瓦，生物质发电装机容量为 2 369 万千瓦。

四、2019 年可再生能源发电量情况

2019 年，中国各类电源全口径总发电量 73 271 亿千瓦时，同比增长 47%。其中火电发电量 49 354 亿千瓦时，核电发电量为 3 487 亿千瓦时，可再生能源发电量为 20 430 亿千瓦时。2019 年可再生能源发电量占全部发电量的 27.9%，相比 2018 年发电量增长 9.5%，增速与 2018 年（9.9%）基本持平。

可再生能源发电量中，水电发电量为 13 019 亿千瓦时，风电发电量为 4 057 亿千瓦时，光伏发电量为 2 243 亿千瓦时，生物质发电量为 1 111 亿千

瓦时。

2019 年风电、光伏发电和生物质发电等非水可再生能源发电量为 7 411 亿千瓦时，在全国可再生能源发电量中占比 36.3%，仍低于世界平均水平。

近年来，中国地热能、海洋能等其他新能源开发利用局面也已显雏形。目前，地热能开发以直接利用为主，浅层地热供暖（制冷）建筑面积累计约 8.41 亿平方米。北方地区中深层地热供暖面积累计约 2.82 亿平方米，规模均位居世界第一。截至 2019 年年底，地热发电装机容量为 4.638 万千瓦。海洋能处于探索起步阶段。截至 2019 年年底，海洋能电站总装机容量为 8.1 兆瓦。其中，潮汐能电站总装机容量为 4.35 兆瓦；潮流能电站总装机容量为 3.56 兆瓦；波浪能电站总装机容量为 0.2 兆瓦。

第二节　风　能

一、资源状况

中国风能资源丰富，陆上"三北"地区与台湾海峡是全国风能资源最丰富的区域。中国陆上 70 米、80 米、100 米高度年平均风功率密度不小于 150 瓦/平方米的风能资源技术开发量分别为 71.8 亿千瓦、102.8 亿千瓦和 109.9 亿千瓦。根据中国气象局风能太阳能资源中心发布的《2019 年中国风能太阳能资源年景公报》，各省（自治区、直辖市）陆地 70 米高度年平均风速为 4.0～6.6 米/秒，年平均风功率密度为 96.6～353.0 瓦/平方米。有 16 个省（自治区、直辖市）年平均风速超过 5.0 米/秒。其中黑龙江、吉林、西藏、内蒙古四省（自治区）年平均风速超过 6 米/秒。内蒙古全区年平均风速达 6.6 米/秒。有 21 个省（自治区、直辖市）年平均风功率密度超过 150 瓦/平方米。12 个省（自治区、直辖市）年平均风功率密度超过 200 瓦/平方米。其中黑龙江、吉

林年平均风功率密度超过 300 瓦/平方米。内蒙古全区年平均风功率密度超过
350 瓦/平方米。

中国近海风能资源丰富，主要集中在东南沿海及其附近岛屿，风功率密
度基本都在 300 瓦/平方米以上。近海 100 米高度内，水深在 5～25 米范围内
的风电资源技术开发量约 1.9 亿千瓦。水深在 25～50 米范围内的风电资源技
术开发量约 3.2 亿千瓦。近海风能资源丰富区为台湾海峡，其次为广东东部、
浙江近海和渤海湾中北部。

2019 年为风能资源正常略偏小年景。根据中国气象局发布的《2019 年中
国风能太阳能资源年景公报》，2019 年，中国地面 10 米高度年平均风速较近
10 年（2009～2018 年）平均风速偏小 0.63%，为正常略偏小年景。2019 年中
国陆面 70 米高度年平均风速约 5.5 米/秒，年平均风功率密度约 232.4 瓦/平方
米。70 米高度风能资源，广西、湖北、云南、辽宁、西藏、四川、吉林、重
庆、黑龙江偏大，上海、江苏、河北偏小，其他地区接近常年均值。70 米高
度理论年发电量，广西、辽宁、西藏、吉林、黑龙江偏大，上海偏小，其他
地区接近常年均值。2019 年影响中国的冷空气和热带气旋频次偏少，是全国
平均风速略偏小的主要原因。

二、产业发展现状

（一）装机容量平稳增长

2019 年，中国风电新增并网装机容量为 2 574 万千瓦，同比增长约 25%。
其中陆上风电新增装机容量为 2 376 万千瓦，同比增长约 25%。海上风电新
增装机容量为 198 万千瓦，同比增长约 23%。截至 2019 年年底，中国风电累
计并网装机容量达 21 005 万千瓦，同比增长 14%，其中陆上风电累计并网装
机容量为 20 412 万千瓦，同比增长约 13%。海上风电累计并网装机容量为 593
万千瓦，同比增长约 55%。风电并网装机容量约占全部电源总装机容量的

10.4%，较 2018 年增长 0.7 个百分点。

（二）发电量持续增长

近年来，风电年发电量占全国电源总发电量比重稳步提升，风能利用水平显著提高。2019 年中国风电年发电量达到 4 057 亿千瓦时，同比增长 10.8%，占全部电源年总发电量的 5.5%，较 2018 年提高 0.3 个百分点，居煤电、水电之后的第三位。分省份看，青海、河南、广西等 24 省（自治区、直辖市）上网电量同比均有不同程度的增长。其中，青海、河南两省增幅最为明显，增幅均超过了 50%。年上网电量超过 200 亿千瓦时的有内蒙古、新疆、河北、云南、甘肃、山东、山西七个省（自治区）。

（三）风电市场保持较快增长

2019 年，中国风电市场保持增长势头，新增吊装容量近 2 700 万千瓦，同比增长 26.7%，累计吊装容量约 2.4 亿千瓦，同比增长 12.8%。2019 年，中国企业在全球陆上风电 10 大整机制造商中占据了 5 个席位，分别为金风科技、远景能源、明阳智能、运达风电和东方电气，较 2018 年增加了 1 个席位。全球陆上风电 10 大整机制造商中，中国企业合计市场份额占到了全球的 38%，较 2018 年增加约 3 个百分点。

（四）风电装机基本达到"十三五"低限目标

根据《风电发展"十三五"规划》，到 2020 年年底，风电累计并网装机容量达到 2.1 亿千瓦以上，其中海上风电并网装机容量达到 500 万千瓦以上，中期海上风电并网装机容量目标调整为 830 万千瓦。截至 2019 年年底，中国风电累计并网装机容量达到 21 005 万千瓦，达到规划低限发展目标。海上风电累计并网装机容量达到 593 万千瓦，接近规划目标。

（五）风电消纳形势持续向好

得益于风电投资监测预警机制引导、用电负荷持续快速增长、电网调度运行考核力度不断加强等因素，2019 年中国弃风电量为 169 亿千瓦时，较 2018年减少 108 亿千瓦时。全国平均弃风率为 4%，较 2018 年降低 3 个百分点，为"十二五"以来最低值。其中，甘肃、新疆、吉林、内蒙古等省（自治区）弃风率较 2018 年下降明显。

三、技术发展现状

中国风电产业在装备研发和制造、工程施工和勘测设计、行业数字化水平、新兴技术应用等技术创新和研发方面不断发展，形成了较多的技术创新进步成果，特别是在大容量风电机组的研发制造和应用、海上风电全产业链技术发展及智慧风电产业体系等方面取得较好成绩。

（一）装备研发和制造技术快速提升

2019 年，中国风电产业技术创新能力和速度持续提升。新产品研发和迭代速度不断加快，风电机组单机容量进一步增大，塔筒高度进一步提高。海上风力发电方面，明阳智能 MySE8～10 兆瓦风电机组、金风科技 8 兆瓦风电机组、上海电气 8 兆瓦风电机组、东方电气 10 兆瓦风电机组等大容量海上风电机组下线。中国海装 10 兆瓦风电机组完成设计认证。陆上风力发电方面，明阳智能推出了 5 兆瓦等级陆上风电机组，使国产商业化陆上风电机组首次迈入 5 兆瓦。此外，金风科技、远景能源等多家制造商均推出 4 兆瓦以上大容量陆上风电机组。2019 年，中广核宝应洋湖风电场采用维斯塔斯 V120-2.2机型配备了 152 米高度塔筒，刷新了中国塔筒高度的纪录。目前金风科技、维斯塔斯 160 米高度等级塔筒正在安装。

（二）工程勘测设计技术不断进步

2019 年，完成了陆上风电预制装配式混塔的设计与施工。湖北应城有名店 140 米免灌浆分片预制装配式混塔顺利吊装。同年还完成了海上风电超大型单桩、吸力筒基础的勘测设计。三峡广东阳江海上风电场多筒吸力筒基础开展了施工图设计，使吸力筒基础首次在中国推广应用。除此之外，还完成了以三峡新能源江苏如东 H6 号（400 兆瓦）海上风电项目柔性直流换流站设计为代表的远海电能输送勘测设计，并对海上升压站导管架滑移安装施工方式进行了优化设计。

（三）海上风电技术快速发展

2019 年，海上风电发电效率不断提高，度电成本不断降低。随着海上风电呈现大型化发展趋势，风电机组与塔筒的一体化、定制化设计能力不断增强，同时创新形式的装备不断出现，显著降低了度电成本。海上施工安装能力持续完善，核心装备国产化水平不断提高。中国首艘自主设计、研发、建造，拥有完全自主知识产权的重型自升自航式风电安装船舶交付使用，可满足三套 6 兆瓦或两套 8 兆瓦的风电机组组件的运输与预装要求，起重能力约 1 300 吨。中国首台套 2 500 千焦大型液压打桩锤成功发布，实现进口替代，满足大容量风电机组基础的施工要求。柔性直流输电等远海关键技术不断积累与提升，海上风电运维技术积累了经验，在不断探索进步中。

（四）新兴技术应用不断涌现

2019 年，智慧风场、智慧风电机组等智能化技术快速发展并落地应用，提升了风电行业智能化水平。金风科技等智慧运维解决方案不断完善。远景能源等智能风电机组系列创新提出，将智能化技术与传统风电技术相结合，提升了风电项目效益。激光雷达等新型传感技术在陆上风电开发过程中得到了广泛的应用。海上风资源观测场景应用不断探索。首台国产海上风电激光雷达观测船下水并开始测试。叶片涡流发生器、翼型优化等增强气动技术广泛应用，促进了风电机组风能利用系数的进一步提高。

四、产业发展趋势

（一）风电机组机型大型化发展趋势明显

随着中国风力发电装备制造业技术水平不断提高，同时补贴退坡、用地限制、环保等因素影响，进一步推动全国 2019 年安装的风电机组呈大型化发展趋势。2019 年中国新增装机风电机组平均单机容量达到 2.5 兆瓦，同比增加明显。海上风电方面，新增装机单机容量普遍在 4～6 兆瓦。在研大型风电机组单机容量达到 8～10 兆瓦，叶片长度在 80 米左右。陆上风电方面，新增装机单机容量普遍在 2～3 兆瓦。5 兆瓦大型陆上风电机组已经发布。

（二）智慧化风电场技术加快应用

2019 年，人工智能、物联网、大数据等智能技术在风电场加快应用，发展智慧风电场技术。国电投、华润等投资企业，金风科技、远景能源、明阳智能等整机厂商均开展了智慧风场方面的研究与实践，基于"集中化、共享化、智能化"的核心理念，融入集中监控、预警、健康状态评估、智能故障诊断、能量管理、功率预测、风电机组优化运行等专业系统和服务，将不同设备、系统的数据按照统一标准进行整合，打通风场运行、后台监控、运营维护等单元节点，实现平台对风电场的全局管控，提升风电场精益化管理能力。

（三）技术进步推动风电上网电价持续下降

技术进步将推动风电单位千瓦投资降低和利用小时数持续提升，进而推动上网电价下降。就陆上风电而言，2030 年之前，上网电价下降相对迅速。2030～2050 年，上网电价下降趋于平稳。同时，当前成本较高的区域，上网电价降幅相对较大，部分建设条件较好的区域风电上网电价将显著低于化石能源发电。

（四）风电发展在不同区域需关注的重点不同

中东南部区域靠近负荷中心，便于消纳，是近期开发重点区域之一，但受限于风能资源与土地资源，今后将以协调风电发展与生态保护、促进低风速利用为工作重点，不断提升风电在当地能源的比重。"三北"地区风能资源优良、土地资源丰富，具备规模化发展的良好条件，但现阶段面临消纳不足，今后将以加强本地消纳研究，多能互补集成优化，以及跨区外送等多种方式相结合，做好风电项目开发和并网消纳统筹推进。海上发展空间广阔，且靠近负荷中心，目前受限于技术与施工水平，成本相对较高。随着技术快速进步及成本降低，海上风电将是未来发展重点之一。

（五）风电发展将按照"五个并举"全面协调发展

风电发展将坚持集中式与分散式并举，本地与外送并举，陆上与海上并举，单品种开发与多品种协同并举，单一场景与综合场景并举的指导思想，促进风电全面协调发展。用足用好"三北"地区风力资源，以加强当地消纳利用和推进电力外送为引领，有序推进风电开发建设。加快推进中东部和南方地区风电发展，高标准建设生态环境友好型风电场，加快推动分散式风电开发，推广低风速风电机组应用，不断提升资源开发水平。稳妥推进海上风电发展，以合理规模带动产业平稳发展，加快推动成本降低与技术进步，保持产业平稳有序发展。近海区域依托地方政策支持推进项目布局优化与建设。远海区域探索管理机制与加速技术创新，推动基地化示范项目建设。风电发展要注重与其他能源品种的互补和协同，在具备条件的地区，促进水火风光储等多能互补、协同发展的多元化模式。风电发展要注重拓展不同的应用场景，提升自身经济效益与附加综合效应，实现"新能源+"综合高效发展目标。

第三节　太　阳　能

一、资源状况

中国太阳能资源较为丰富，陆地表面平均水平面年总辐射量约为 5 359 兆焦/平方米。按年太阳辐射总量，全国太阳能资源分为四个等级：Ⅰ类资源区年太阳辐射总量大于等于 6 300 兆焦/平方米，资源最丰富；Ⅱ类资源区年太阳辐射总量介于 5 040～6 300 兆焦/平方米，资源很丰富；Ⅲ类资源区年太阳辐射总量介于 3 780～5 040 兆焦/平方米，资源较丰富；Ⅳ类资源区年太阳辐射总量小于 3 780 兆焦/平方米，资源一般。其中Ⅰ类、Ⅱ类、Ⅲ类资源区面积约占全国总面积的九成以上。

中国太阳能资源地域分布差异较大，分布特点为自西北向东南呈先增加再减少然后又增加的趋势。中国水平面年总辐射量最大值在青藏高原，高达 10 100 兆焦/平方米；最小值在四川盆地，仅 3 300 兆焦/平方米。

二、产业发展现状

（一）太阳能装机规模保持稳定增长

2019 年中国太阳能发电新增装机容量 3 031 万千瓦，其中光伏发电新增装机容量 3 011 万千瓦，光热发电新增装机容量 20 万千瓦。受消纳能力约束、用地审批及竞争性配置项目建设周期较短等因素的影响，光伏发电新增装机容量同比减少 31.6%。其中，光伏电站新增装机容量 1 791 万千瓦，同比减少

22.9%。分布式光伏新增装机容量 1 220 万千瓦，同比减少 41.3%。太阳能发电累计装机容量达到 20 474 万千瓦。其中光伏发电累计装机容量 20 430 万千瓦，光热发电累计装机容量 44 万千瓦。光伏发电累计装机容量同比增长 17.3%，增速有所回落。其中，光伏电站累计装机容量 14 167 万千瓦，同比增长 14.5%。分布式光伏累计装机容量 6 263 万千瓦。同比增长 24.2%。光伏发电累计装机容量占全国电源总装机容量的 10.2%，同比提高 1 个百分点。光伏发电全年新增和累计装机容量继续保持世界首位。

（二）太阳能发电量进一步提升

近年来，光伏发电量占全国电源总发电量比重稳步提升。太阳能利用效率持续提升。2019 年，中国光伏发电量达 2 243 亿千瓦时，同比增长 26.3%。其中，光伏电站发电量 1 697 亿千瓦时，同比增长 23%；分布式光伏发电量 545 亿千瓦时，同比增长 39%。光伏发电量占全部电源总年发电量的 3.1%，同比提升 0.6 个百分点。分省份看，河北、山东、内蒙古、青海、江苏五个省（自治区）年光伏发电量位居全国前列，分别达到 176 亿千瓦时、170 亿千瓦时、163 亿千瓦时、157 亿千瓦时、154 亿千瓦时。

（三）太阳能产业规模保持快速增长

受益于海外市场增长，2019 年，中国光伏各环节产业规模依旧保持快速增长势头。截至 2019 年年底，中国多晶硅产能达到 46.2 万吨，同比增长 19.4%，产量为 34.2 万吨，同比增长 32.0%；硅片产量为 134.6 吉瓦，同比增长 25.7%；电池片产量为 108.6 吉瓦，同比增长 27.7%；组件产量为 98.6 吉瓦，同比增长 17.0%。

（四）光伏发电上网电价进一步降低

根据全国竞价排序结果，2019 年光伏发电国家补贴竞价项目上网电价降幅明显。Ⅰ～Ⅲ 类资源区，普通光伏电站平均电价降幅分别为每千瓦时 0.071 9 元、0.076 3 元和 0.091 1 元。全额上网分布式项目平均电价降幅分别为每千瓦时 0.058 1 元、0.047 3 元和 0.068 3 元；自发自用、余电上网分布式项目平均电价降幅为每千瓦时 0.059 6 元。

2019 年光伏发电领跑奖励激励基地项目通过竞争确定上网电价，有效促进上网电价大幅下降，其中达拉特基地平均上网电价为每千瓦时 0.274 元，低于当地燃煤脱硫基准电价；白城、泗洪基地平均上网电价分别为每千瓦时 0.38 元和 0.4 元，略高于当地燃煤脱硫基准电价。

（五）光伏发电装机已达到"十三五"低限目标

根据《太阳能发展"十三五"规划》，到 2020 年年底，光伏发电装机容量达到 1.05 亿千瓦以上。太阳能热发电装机容量达到 500 万千瓦。截至 2019 年年底，光伏发电累计装机容量达到 20 430 万千瓦，已高于规划最低目标。太阳能热发电成本较高，仍处于示范项目阶段，累计装机容量仅 44 万千瓦，相较规划目标有较大差距。

三、技术发展现状

中国光伏产业在全球具备较强的竞争力。政府也将光伏产业作为国家战略性新兴产业之一。在产业政策引导和市场需求驱动的双重作用下，全国光伏产业在多晶硅、硅片、电池片、光伏组件、光伏发电系统、项目建设与运行等环节都实现了平稳快速发展。

（一）生产装备技术提升，多晶硅能耗稳中有降

2019 年，随着生产装备技术提升、系统优化能力提高、生产规模扩大，全国多晶硅企业综合能耗平均值为 12.5 千克标准煤/千克-硅，综合电耗下降

至 70 千瓦时/千克-硅，行业硅耗在 1.11 千克/千克-硅水平，基本与 2018 年持平。随着多晶硅工艺技术瓶颈不断突破、工厂自动化水平的不断提升，多晶硅工厂的人均产出提高至每年 35 吨，同比增长 25%。

（二）切割技术提升，硅片平均厚度下降

2019 年，多晶硅片平均厚度为 180 微米左右，P 型单晶硅片平均厚度为 175 微米左右，N 型单晶硅片平均厚度为 170 微米左右。硅片厚度较 2018 年平均呈下降趋势。多晶硅片厚度下降速度略慢。N 型单晶硅片厚度基本与 P 型单晶硅片一致，主要用于隧穿氧化层钝化接触电池（Tunnel Oxide Passivated Contact, TOPCon）的制作。随着硅片尺寸的增大，硅片厚度下降速度将减缓。用于异质结电池的硅片厚度约为 150 微米。随着异质结电池技术的应用，硅片厚度降速将进一步加快。

（三）单晶电池转换效率持续提升，多晶黑硅电池转换效率缓慢增加

2019 年，规模化生产的单晶电池平均转换效率为 22.3%。单晶电池均采用发射极钝化和背面接触电池（Passivated Emitter and Rear Contact, PERC）技术，平均转换效率较 2018 年提高 0.5 个百分点，预计电池效率近两年仍有较大的提升空间。2019 年，规模化生产的多晶黑硅电池平均转换效率为 19.3%。平均转换效率较 2018 年提高 0.1 个百分点。多晶黑硅电池效率提升动力不强，预计提升空间可能不大。使用 PERC 电池技术的多晶电池效率为 20.5%，较 2018 年提升 0.2 个百分点。铸锭单晶 PERC 电池平均转换效率为 22%，较单晶 PERC 电池低 0.3 个百分点。N 型发射极钝化和全背面扩散电池（Passivated Emitter Rear Totally-Diffused，N-PERT）/ TOPCon 电池平均转换效率为 22.7%，异质结电池平均转换效率为 23.0%，已有部分企业投入量产。

薄膜太阳能电池/组件方面，2019 年中国小面积碲化镉（CdTe）电池（0.5

平方毫米）实验室最高转换效率约 19.2%。铜铟镓硒（CIGS）小电池片（小于等于 1 平方厘米孔径面积）实验室最高转换效率为 22.9%。

（四）光伏组件功率增加，转换效率进一步提高

2019 年，单面组件仍是市场主流，市场占比为 86%。全片组件占据主要市场份额，市场占比约为 77.1%，较 2018 年下降了 14.6 个百分点。60 片全片采用 PERC 单晶电池的组件功率已达到 320 峰瓦，较 2018 年提高 15 峰瓦，采用 158.75 毫米尺寸 PERC 单晶电池的组件功率约为 330 峰瓦，采用 166 毫米尺寸 PERC 单晶电池的组件功率约为 360 峰瓦。常规多晶黑硅组件主要用于户用及印度等海外市场，组件功率约为 285 峰瓦，采用 166 毫米尺寸 PERC 多晶黑硅的组件功率约为 330 峰瓦。

N-PERT/TOPCon 电池组件、异质结电池组件功率可达到 330Wp。2019 年，在电池效率提升的基础上，金属穿孔卷绕电池（Metal Wrap Through，MWT）、半片、叠瓦等多种新组件技术涌现并快速融入产业化。从光学与电学两个方面降低组件的能量损耗，可使组件效率进一步提高。

（五）光伏电站发电能力明显提高，运维管理水平较大提升

2019 年，光伏发电系统成本继续降低，光伏项目投资主体对使用先进设备、优化布置形式、精细化设计等设计水平的愈发重视，使光伏电站的发电能力得到了明显提高。此外，通过采用高质量产品，减少衰减和故障、降低系统各环节损失、提升运行管理质量等方式，光伏电站的发电效果持续提升。

2019 年，中国光伏电站的运维管理水平也得到明显提升。在智能运维应用方面，无人机巡检、远程运维已经在新建电站中得到较为广泛的运用。结合大数据、互联网等技术，光伏电站的运行情况能够得到实时监控。通过数据检测等手段可以高效定位运行问题，检修效率大幅提升。此外，清洁机器人与各种高新技术的结合应用，也较大地提高了光伏电站运维水平和发电效

率。近几年，光伏电站的运维成本维持在一定水平并略有下降。

（六）光热发电中超临界二氧化碳技术应用加速发展

作为光热发电的主流技术，塔式、槽式、线性菲涅尔三种技术路线的效率均与常规岛的热效率密切相关。提高热效率有利于提高光电效率，降低光热发电成本。传统光热发电系统的热效率一般为 35%～40%，而超临界二氧化碳布雷顿循环有望实现近 50% 的热效率。超临界二氧化碳布雷顿循环在光热发电中的应用研究不断获得新的突破，已接近商业应用阶段。

随着国内光热技术的发展和示范项目的推进，多项光热发电核心设备逐步实现国产化。国产设备的技术也逐步提升。2019 年，国产熔融盐泵、阀门通过鉴定或成功投入运行。国产集热管已实现在 600 摄氏度以上温度连续稳定运行。联动型塔式聚光镜聚光集热温度连续获得突破，最高聚光集热温度先后达到 597 摄氏度和 687 摄氏度。某型倾角传感器成功完成在大型定日镜跟踪系统中的装机测试。该倾角传感器可实现对太阳的精确追踪（常温区间最高精度达 0.01℃）、一键设置相对零点、角度自动纠正等功能。

四、产业发展趋势

（一）光伏发电将成为未来中国上网电价最低、规模最大的可再生能源

中国光伏行业发展已经由规模化发展进入到高质量发展阶段。2020 年是国内光伏从有补贴转向无补贴平价上网的关键之年。2021 年起光伏将全面进入无补贴平价时代。

从发电成本看，技术进步将推动光伏转换效率和工艺制造水平持续提升，推动光伏发电成本快速下降，中长期将成为中国上网电价最低的可再生能源。

从应用规模看，光伏将逐步成为中国新增装机容量最大的可再生能源品

种。预计 2035 年光伏累计装机将超过煤电,成为中国装机容量最大的电源。

(二)"光伏+"在未来具备广阔发展前景

利用光伏发电发展方式灵活等优势,将光伏与建筑、农业、交通、乡村、生态环境等产业融合,发展潜力巨大。预计"光伏+ "将成为未来光伏多元化发展的重要方向。

随着光伏发电成本的不断降低,充分发挥光伏低成本优势以及与电力负荷特性匹配度较高等特性,逐步结合电化学储能成本下降,探索开展"光伏+储能"等利用形式,对电力系统提供主动支撑,进一步提升光伏发电的竞争力。

(三)技术进步、降本增效促进光热发展

太阳能光热发电是一种出力连续、可控、可调的可再生能源发电形式,其所具有的调峰灵活、调峰幅度大、品质高的特性是其他可再生能源无法替代的。但现阶段复杂的系统、过高的成本限制了光热发电的发展。目前,促进光热发电技术进步、提高光热发电效率、降低光热发电成本仍是光热发电的发展主题,主要有以下途径:

1. 适度规模化发展。高参数、高系统效率的塔式技术路线与成熟度较高的槽式技术路线将成为主流。规模化、集群化的电站建设从镜场设备、材料、建设、运维等多方面促进光热发电成本降低。

2. 研发新材料。研发新型高温吸热工质能够提高蒸汽发生系统出口蒸汽参数、提高汽轮机热工转换效率,从而提高光热发电站的光电转换效率,降低光热发电成本。研发新型高温储热工质,降低储热工质用量从而降低储热成本。研发轻质玻璃降低定日镜/集热器重量,降低相应支架用钢量,促进镜场成本的降低。

3. 采用超临界二氧化碳布雷顿循环。利用超临界二氧化碳作为传热流体

替代光热发电中的蒸汽，热工转换效率有望达到 50%。较高的热工转换效率和更小的涡轮意味着更低的建设成本。

4. 国产化和技术创新。通过主要系统的优化、关键材料及核心设备国产化等途径，实现光热发电的降本增效。先进高效的制造技术有利于降低设备生产成本。效率更高、跟踪更加精准、质量更轻的定日镜/槽式集热器能够提高集热效率，降低运维难度，降低跟踪设备成本，提高系统稳定性，减少电站投资，增加发电量，从而降低光热发电成本。

5. 参与多能互补项目。通过光热、光伏、风电等其他可再生能源互补电站，充分发挥光热稳定、可调的技术优势，提高电力系统不稳定电源的消纳能力。

第四节　生 物 质 能

一、资源状况

中国生物质资源丰富，主要包括农业废弃物、林业废弃物、畜禽粪便、城镇生活垃圾、有机废水和废渣、能源作物等。每年可能源化利用的生物质资源总量约相当于 4.6 亿吨标准煤。其中，农业废弃物资源量约 4 亿吨，折算成标准煤量约 2 亿吨；林业废弃物资源量约 3.5 亿吨，折算成标准煤量约 2 亿吨；其他有机废弃物约 6 000 万吨标准煤。

二、产业发展现状

（一）生物质发电装机规模稳步增长

截至 2019 年年底，中国生物质发电累计并网装机容量达到 2 369 万千瓦，较 2018 年增加 325 万千瓦。其中，农林生物质发电累计并网装机容量 1 080

万千瓦，较 2018 年新增 121 万千瓦；生活垃圾焚烧发电累计并网装机容量 1 214 万千瓦，较 2018 年新增 199 万千瓦；沼气发电累计并网装机容量 75 万千瓦，较 2018 年新增 5.5 万千瓦。

（二）发电量显著提升

2019 年中国生物质发电年发电量约 1 111 亿千瓦时，占全部电源总年发电量的 1.5%，占可再生能源年发电量的 5.4%，同比增长 22.6%。其中，农林生物质发电年发电量 468 亿千瓦时，同比增长 14.1%；生活垃圾焚烧发电年发电量 610 亿千瓦时，同比增长 25.4%；沼气发电年发电量 33 亿千瓦时，同比增长 25.8%。山东、广东、江苏、浙江、安徽生物质发电年发电量位居全国前五，分别为 141 亿千瓦时、120 亿千瓦时、110 亿千瓦时、107 亿千瓦时、98 亿千瓦时；广东、安徽、江苏、浙江、广西生物质发电年发电增长量位居全国前五，分别增长 37 亿千瓦时、20 亿千瓦时、15 亿千瓦时、15 亿千瓦时、12 亿千瓦时。

（三）生物天然气产业化经验逐步积累

截至 2019 年年底，中国已投产运行的商业化生物天然气项目共 14 个，总设计年产气规模约 12 775 万立方米，较 2018 年新增 4 305 万立方米，年产有机肥量 105.6 万吨。

（四）生物质成型燃料供热规模不断扩大

生物质成型燃料是清洁供暖的重要方式之一。截至 2019 年年底，中国生物质成型燃料供热年利用量约 1 800 万吨，同比增长 12.5%，主要用于城镇供暖和工业供热等领域。生物质成型燃料供热产业处于规模化发展初期。成型燃料机械制造、专用锅炉制造、燃料燃烧等技术日益成熟，具备规模化、产业化发展基础。

（五）生物液体燃料发展稳步推进

截至 2019 年年底，中国生物液体燃料年产量 400 万吨，其中燃料乙醇年产量 300 万吨，生物柴油年产量 100 万吨。生物柴油处于产业发展初期，纤维素燃料乙醇加快示范。

（六）生物质发电达到"十三五"规划，非电部分存在差距

截至 2019 年年底，中国生物质能开发利用折合标准煤 4 556 万吨，完成"十三五"规划目标的 80% 左右。除生物质发电外，其他应用领域的产业规划目标存在较大差距，有待进一步加强政策引导、加快发展。生物质发电规模稳步扩大；生物质发电逐步转向热电联产；生活垃圾焚烧发电发展进一步加快；生物天然气、固体燃料供热逐步向工业化商业化迈进；生物液体燃料示范效应不断放大。

截至 2019 年年底，中国生物质发电累计并网装机容量 2 369 万千瓦。发电量 1 111 亿千瓦时，可替代标准煤量 3 206 万吨，提前达到"十三五"900 亿千瓦时年发电量和 2 660 万吨替代标准煤量目标。

截至 2019 年年底，中国生物天然气的总产能约 12 775 万立方米，可替代 15.3 万吨标准煤，与规划目标 80 亿立方米、可替代 960 万吨标准煤的目标尚有较大差距。

截至 2019 年年底，中国生物质成型燃料供热利用规模约为 1 800 万吨，可替代标准煤量 900 万吨，完成规划 3 000 万吨利用规模和 1 500 万吨标准煤替代量目标的 60%。

截至 2019 年年底，中国生物液体燃料年产量 400 万吨，折合标准煤替代量 435 万吨，分别完成规划目标 600 万吨和 680 万吨标准煤替代量目标的 67% 和 64%。其中，燃料乙醇年产量 300 万吨，完成规划目标 400 万吨的 75%；生物柴油年产量 100 万吨，完成规划目标 200 万吨的 50%。

三、技术发展现状

（一）再热型机组陆续出现，参数进一步提高

2019 年，生物质发电机组参数逐步提高，再热型机组陆续出现，发电效率进一步提升。垃圾焚烧发电机组参数由中温中压向中温超高压发展，农林生物质发电机组参数由高温高压逐步迈向高温超高压。2019 年 11 月，光大环保能源（苏州）有限公司垃圾焚烧发电项目成功并网并带满负荷，汽轮机进汽参数为 12.6 兆帕/425 摄氏度/405 摄氏度，是全球最高参数再热型垃圾发电机组。

（二）生物天然气核心技术国产化进程加快

生物天然气工程的核心工艺为厌氧发酵工艺，可分为传统厌氧发酵系统、分级分相厌氧系统和干式厌氧系统。2019 年，华润（集团）有限公司探索应用多原料混合中高温干式和中高温半干式厌氧发酵核心技术工艺，探索不同原料混合发酵产气效率以提升核心工艺，形成可复制、可推广技术模式。2019年投产项目较多，经验逐步积累，通过整合各类市场主体，生物天然气设计、施工、技术、工艺、运营、服务、安全、环保等各环节专业化、工业化，行业整体竞争力有较大提升。

（三）生物液体燃料应用领域示范推广突破

生物航油示范工程取得突破。中国南方航空集团有限公司实现首次使用生物航油执行洲际飞行任务。农林废弃生物质制备航空燃油新技术即将开展商业应用，纤维素乙醇化学催化制备方面取得重要突破，实现了纤维素——乙醇一步水相转化。截至 2019 年年底，中国已在天津、黑龙江、吉林、辽宁、河南、安徽六个省（直辖市）全境推广应用燃料乙醇，在广西、内蒙古、江

苏、河北、广东、山东和湖北部分区域推广应用燃料乙醇，对保护环境、促进当地农民增收、保障油气安全起到较好作用。

四、产业发展趋势

（一）非电利用成为生物质能未来发展方向

2019 年开展的可再生能源法执法检查与评估工作中，数次强调要加强可再生能源非电利用，将生物质非电利用提到了新的战略高度。生物质能将坚持多元化、因地制宜和分布式发展原则，统筹考虑能源、农业、环保等协同发展，将生物质能产业发展与乡村振兴战略相结合、与农业农村绿色发展相结合，在稳定政策扶持的基础上，加快生物天然气、生物质能供热、生物液体燃料等非电利用产业发展。

（二）分布式仍是生物质能项目开发建设的重要方式

生物质能是可再生能源产业中最具备绿色发展属性、最贴合农村经济发展模式的产业，具有"就近收集、就近加工、就近转化、就近消纳"的典型分布式发展特征。随着中国生物质能产业结构与项目开发建设布局的不断优化，未来生物质能项目开发将以区域资源和用能特性为基础，统一开发布局，就近建设于用户侧，直接面向工业园区、大型商场、医院、小区等终端用户，为用户提供电力、热力、燃气等多元化能源，形成区域原料的分布式开发建设模式。

（三）"十四五"期间，生物天然气、生物质供热实现产业化发展

中国生物质能进入高质量发展阶段。生物质发电产业发展稳中求进，农林生物质发电项目单位千瓦造价、城市生活垃圾焚烧发电项目单位日吨垃圾处理规模造价有所降低。生物成型燃料年利用量稳步增长。生物质固体燃料

供热逐步实现规模化发展。不断推进纤维素乙醇的示范应用，扩大纤维素燃料乙醇和生物柴油商业化利用。生物天然气产业步入快速发展期，设备基本实现国产化，将建立一批生物质资源收集、加工设备、产品炉具、工程建设、专业服务标准体系、培育能提供专业化服务的生物质资源利用龙头企业。生物天然气将成为天然气的重要补充，保障国家能源安全。

第五节 高比例可再生能源情景展望

当前，国际社会对保障能源安全、保护生态环境、应对气候变化等问题日益重视。清洁绿色能源开发利用已成为世界各国的普遍共识。可再生能源成本降低和技术进步为可再生能源的快速发展带来了巨大的机遇，以高比例可再生能源、电气化和能源效率大幅提升为特征的世界能源转型正在加速。可再生能源正深刻改变着世界能源体系。

中国拥有种类繁多的、储量丰富的可再生能源。未来几十年将不断提高可再生能源利用水平，并逐步使可再生能源成为主导能源。中国也有多家机构对未来清洁能源尤其是可再生能源的发展进行了预测。

国家发展和改革委员会能源研究所、国家可再生能源中心发布的《中国2050高比例可再生能源发展情景暨路径研究》中指出"2050年可再生能源满足我国一次能源供应60%，以及电力供应85%以上在技术上是可行的。在经济上是可承受的。届时电力将占到整个终端能源消费的60%以上"。报告指出，当前以传统化石能源为主的能源消费模式导致全球能源资源约束和生态环境恶化。同时，化石能源燃烧产生的二氧化碳排放正在全球范围内导致严重的气候灾害，应对资源环境挑战已成为全球共同的重大课题。逐步摆脱化石能源依赖是人类发展进程中不可逆转的前进方向。世界能源发展必须进入以无碳化为核心的第三次能源变革时代。实现"高比例可再生能源发展"则是这一宏伟变革中的重要标志。"中国 2050 高比例可再生能源发展情景暨路径研究"正是为探索化石能源逐步退出中国能源发展的主导地位、可再生能源成为未来能源核心所进行的情景及路径研究。

中国水电水利规划设计总院发布的《推动高比例可再生能源发展》报告中提出了 2035 年和 2050 年发展目标。2020～2035 年，积极推动市场化改革和体制机制创新、核电安全性提升、可再生能源产业规模化发展和技术进步，逐步使可再生能源取得相对于化石能源的开发成本优势；2035 年，非化石能源发电量占全社会用电量约 55%，占一次能源消费比重达到 36%。2035～2050 年，全面建成以可再生能源为主体的现代能源体系；2050 年，非化石能源发电量占全社会用电量达 80%，占一次能源消费比重达到 60%。

中国国网能源研究院发布的《中国能源电力发展展望 2019》中提出"随着清洁能源大规模发展、电能占终端能源消费比重不断提高，预计 2050 年非化石能源占一次能源的比重将超过 50%。电能在终端能源消费中的比重将超过 50%"。根据报告中长期能源发展展望，中国一次能源低碳化转型明显，预测 2035～2040 年期间非化石能源总规模超过煤炭成为体量最大的一次能源消费类型。到 2050 年占一次能源需求总量比重增至 51%～61%。风能、太阳能发展快速，预计在 2040 年前后成为主要的非化石能源品种。

第六章 "创新使命"框架下中国清洁能源技术发展方向及政策建议

本章分析未来能源架构及发展路径。能源技术特别是可再生能源技术的发展趋势，给出中国清洁能源技术的发展方向建议，并提出相关的发展机制和政策建议。

第一节 未来能源架构、发展路径及技术发展趋势

未来能源架构将以可再生能源为主。应对气候变化、减少碳排放是未来能源技术发展的硬性约束。清洁、低碳、安全、高效是对能源技术发展的原则要求。从资源量、技术经济可行性、环境友好性、能源供应安全性和可靠性等方面考量，可再生能源完全能够满足未来的能源需求。可再生能源时代的到来已经是大势所趋。预计到2035年前后可再生能源成为主要能源，2050年成为主导能源。

能源技术发展路径是从现在化石能源与可再生能源并存，逐步发展为以可再生能源为主的能源架构。目前的能源架构是以化石能源为主、可再生能源作为替代能源已经大规模利用。现在的能源系统正在由可再生能源技术要

适应以化石能源为主的能源体系，向化石能源及电力系统要适应可再生能源技术发展和比例持续快速增加的需求转变，最终发展为以可再生能源为主乃至 100%可再生能源的能源架构。

可再生能源技术发展趋势整体可归纳为下面几个方面：

1. 能源转换效率持续提升

过去 10 年光伏、风电、光热效率不断提高。

光伏电池：实验室单晶硅电池效率从 25%提高到 26.63%；多晶硅电池效率从 20.4%提高到 22.33%。大规模生产的单晶硅电池效率从 16%提高到 22.5%；多晶硅电池效率从 15%提高到 20.5%；

风电机组：发电效率提高 10%以上，低风速开发从 6 米/秒降至 5 米/秒；

光热发电：热发电年效率从 16%提高到 18%。

2. 可再生能源发电成本大幅下降

受技术进步、规模化经济、供应链竞争日益激烈和开发商经验日益增长的推动，在过去 10 年间，可再生能源发电成本急剧下降。据国际可再生能源机构统计数据[①]显示：

自 2010 年以来，全球范围内太阳能光伏发电成本下降了 82%。2019 年，并网大规模太阳能光伏发电成本降至 0.068 美元/千瓦时，同比下降 13%。在过去十年间，太阳能光伏发电成本的下降主要是由于组件价格和系统配套费用的降低，前者降幅达 90%。这些因素使得太阳能光伏发电的总装机成本下降了约 80%；

十年来，陆上和海上风电成本分别下降了 40%和 29%，在 2019 年分别降至 0.053 美元/千瓦时和 0.115 美元/千瓦时；

十年来，太阳能热发电成本下降了 47%。2019 年，太阳能热发电成本降至 0.182 美元/千瓦时，同比降幅为 1%。

---

① 资料来源：Renewable Energy Power Generation Costs in 2019, IRENA, 2020。

另据国际氢能委员会的预测，氢能解决方案的成本将在未来十年急剧下降，预计到 2030 年氢能产业链整体成本将下降 50%。

3. 可再生能源在能源结构中占比不断提高

2019 年，全球新增可再生能源电力装机超过 200 吉瓦，累计装机达到 2 588 吉瓦，可再生能源装机年平均增长速度连续 5 年保持在 8% 以上。[①]

2019 年，全球光伏新增装机约 115 吉瓦，占全球可再生能源新增装机的 57%；其次是风能 60 吉瓦，占全球可再生能源新增装机容量 30%；水电新增装机占当年全球可再生能源电力装机容量的 8% 左右；其余 5% 的新增装机容量来自于生物质能、地热能和太阳能热发电。2015～2019 年，新增可再生能源电力装机已经连续五年高于化石能源与核能新增装机的总和。

4. 多能互补、深度融合

可再生能源供电/热/燃料从相互独立走向深度耦合。多能源互补、冷热电联供、源网荷统一协调技术迅速发展。不仅不同能源和用能之间深度融合，可再生能源和建筑、交通、农业等不同的领域深度融合。

打造以可再生能源为主、100% 可再生能源系统是可再生能源技术发展的热点。现在国际上已经有 65 个国家设定了 100% 使用可再生能源电力的目标，如丹麦设定 2030 年实现 100% 可再生能源电力，2050 年实现碳中和，在电力、交通、建筑用能等实现 100% 可再生能源。全球超过 230 个城市承诺未来电力需求 100% 来自可再生能源。国内外数百家企业宣布要实现 100% 可再生能源供能。

---

① 资料来源：Renewables 2020 Global Status Report, REN 21, 2020。

第二节 关于中国未来清洁能源技术发展方向建议

可再生能源时代的到来已经是大势所趋。可再生能源目前面临的主要任务是从发电、供热（冷）、燃料三个方面全面化、规模化替代化石能源，快速降低化石能源的比重。尽快构建太阳能、风能、生物质能、水能作为基础能源，地热能与海洋能作为补充能源，氢能作为新兴能源载体，可再生能源耦合与系统集成作为多种能源桥梁的可再生能源体系。

清洁能源技术可以分为三类：

1. 能源系统技术：指不同能源种类耦合互补组成的完整能源系统相关的技术。包括整体能源架构、区域能源系统及分布式能源系统等。能源系统技术发展迅速，根据资源、需求的不同以及不同技术发展的技术经济性，能源系统技术方案可动态调整，具有不确定性和可选择性。清洁能源系统技术主要研究能源系统整体架构和运行规律，确定其技术经济可行性。

2. 不同清洁能源专项技术：指不同能源种类特有的技术，如风能、太阳能、生物质能、水能、清洁煤等，主要研究不同能源种类的基本特性、关键技术及关键装备。

3. 通用和支撑技术：指材料、信息、通信、元器件等通用、基础技术，不是单独为能源领域研发的。和以化石能源为主的能源系统相比，高比例可再生能源系统最大的不同是需要在源网荷等方面使系统有更多的灵活性。储能技术不产生新能量，但其是增加系统灵活性的重要选择，是未来能源架构的重要支撑技术之一。通用和支撑技术的进步与迭代深刻影响能源技术的进步和更新换代。

一、清洁能源系统架构体系及关键技术

在清洁能源系统领域，主要是从国家整体（跨区域）、区域和用户层面研究不同资源、环境和不同应用场景的能源系统技术，研究在可再生能源和化石能源共存期的融合技术，研究未来可再生能源为主的能源架构体系技术及分布式可再生能源技术。建议主要发展的技术方向如下：

1. 多能源互补、冷热电联供的源网荷一体化能源规划及发展路径研究。与欧美国家的发展模式不同，中国可再生能源资源及负荷逆向分布。风能、太阳能资源及煤油气资源主要在西部，负荷主要在东部。中国的资源和负荷的逆向分布决定了中国要规模化集中开发多能互补的能源基地和发展多能互补的分布式能源系统技术。需要比较就地发展分布式能源和从外输入能源的技术经济性，找出最技术经济可行的跨区域、区域和不同地域的技术方案，确定优化的发展规划。

2. 可再生能源为主的能源架构体系及模块化技术研究。未来是可再生能源时代。资源预测、多能互补、负荷侧响应、储能等技术的多样性、性能和成本影响系统技术方案和容量配置，使多能互补的可再生能源规模开发基地、多能互补的分布式可再生能源系统的优化有很大的空间，并随技术的变化而变化。因此需要研究西部100%可再生能源示范省、西部数亿千瓦级风/光/水/光热发电基地、100%可再生能源城市及区域100%可再生能源系统技术；研究典型分布式可再生能源系统技术研究与示范，包括城镇多可再生能源互补，热电冷联供的典型应用关键技术研究与示范（工业园区、居民区、公共建筑等），100%可再生能源供电、供热及交通系统绿色示范小镇，农村户级及村级100%可再生能源技术示范，净零能耗建筑系统示范等。

3. 可再生能源和化石能源系统协同技术。虽然越来越多的国家提出弃煤去油的目标，但化石能源和可再生能源要在相当长的时期内并存。未来可再

生能源特别是太阳能、风能将是能量的主要来源。这就要求化石能源如煤电需逐步改变自己的角色，从主要能源变为调节电源。

4. 能源和其他领域融合技术：能源和建筑、交通、物联网等领域呈现越来越多的深度融合，需要给予关注。

在能源系统技术方面，主要"卡脖子"的技术是能源系统规划、能源系统设计仿真软件。美国、德国等都有量化分析研究能源系统技术经济性的仿真软件。中国从国家整体（跨区域）、区域和用户层面都还没有能源系统规划设计软件。

二、多种清洁能源专项技术

不同清洁能源专项技术发展的主要目标是提高效率，降低成本。可再生能源技术的快速发展是能源转型的主要驱动力。不同可再生能源技术进步、成本降低的潜力还很大，需要持续支持。虽然中国可再生能源特别是太阳能和风能的产业、市场规模及产业技术水平世界领先，但原创技术严重缺乏，效率记录及设计工具软件基本来自国外。中国产业核心关键技术也主要来自国外，技术同质化严重，产业关键生产装备和关键材料依赖进口。国内产业过度竞争、利润很低、技术研发投入严重不足。发达国家政策及研发支持力度持续加，产业国际竞争压力加大。建议在不同种类的清洁能源主要发展的技术方向如下：

1. 可再生能源（太阳能、风能、生物质能、地热能与海洋能）高效规模化利用中的非稳态能量高效低成本获取与转换理论、方法、技术、装备及工程化应用。

不同可再生能源在未来架构中的角色定位不同，在研究布局上要根据不同可再生能源的发展潜力、发展阶段、发展水平分别给予关注。

太阳能、风能在未来的能源架构中起决定性作用。太阳能是唯一可满足全人类能源需求的能源种类，是未来最具发展潜力的主要能源。风能也是可以完全和化石能源竞争的主要能源。太阳能和风能已经到了"平价"时代，技术进步的潜力很大，在未来要重点关注和支持。

生物质能是可再生能源中唯一可提供液体燃料、发电、供热/冷等多种能源需求的能源种类，是构成未来能源架构的基础能源之一，也可起调节作用，也要给予积极支持。

水能在可再生能源中商业应用的时间最长、开发比例最大，作为能量的提供者新增装机容量的潜力有限。发挥水能的调节作用、增加能源系统的灵活性是水能未来技术发展的方向。需要重点关注变速恒频抽水蓄能技术的研发。

地热、海洋能是未来能源架构的补充能源。地热在供暖方面发挥重要作用，也要从学科布局角度给予支持。

2. 氢能制、储、运与应用过程中能量转化理论、调控技术、关键装备和系统集成。

氢能是最清洁的二次能源，是近几年在国内外研究发展的热点，需要重点关注和支持。氢能作为新型能源载体，可储存作为能源系统中的调节电源，可和天然气混用及代替天然气，可为燃料电池车提供清洁燃料，还被广泛应用于化工工业等。氢能可能形成庞大的产业，现在从可再生能源制氢到储、运、用等环节全产业链条处于产业化的前期，需要密切关注和研究技术发展的趋势，重点在绿色氢能的制、储、运用等方面全链条布局支持技术和产业的发展。

可再生能源时代需要灵活性能源（一次能源及储能）：生物质、光热发电、地热和太阳能热利用、氢能都可以为能源系统提供灵活性，在今后的技术发展中要重点关注。

3. 燃煤发电中的高效灵活热功转化的原理、技术、装备与系统集成以及燃煤污染物的协同治理与深度脱除。

燃煤发电在过去和现在的能源架构中起主导作用，未来还会在相当长的时期内起作用。从技术经济发展和环境的要求方面，煤炭面对的主要问题是如何在不得不用的时期中尽可能降低应用的比例及减少应用中的污染排放及碳排放对气候的影响。燃煤发电要面对的现实问题是要改变其在未来能源架构中的定位，从主导电源变为调节电源，最终实现弃煤。

为了提高燃煤发电机组的灵活性，支撑接入更多的可再生能源，需要在满足机组经济性和环保性条件下进一步降低在役机组的最小出力，提升负荷响应速度，机组启停保寿满足深度调峰要求同时减少备用装机容量；需要开发可再生能源—燃煤—储热的容量合理匹配技术、生物质与煤的混烧技术，实现煤与可再生能源耦合发电系统的安全灵活调控；需要开发通用、开放、支持多种智能算法的智能控制系统平台。

在不同的清洁能源专项技术方面，主要"卡脖子"的技术工具设计软件、关键的生产装备等，需要重点研究和补课。

三、清洁能源领域通用支撑性技术

在通用和支撑技术方面，中国在基础研究和核心技术方面存在不足。"卡脖子"的技术很多都体现在这些方面。主要建议的研究领域包括：

1. 清洁能源领域相关材料、元器件及通用设备、信息通信和人工智能技术

这部分单靠能源技术本身很难解决，需要协同攻关。如风电中的轴承技术、叶片中叶芯的关键材料乃至齿轮箱油，电控系统中的 IGBT 器件、工控平台等，氢能技术中加氢泵，电力安全融合芯片（传感、通信、控制等）；人工智能专业化深度应用等。这些需要长期持续地布局和投入，全面提高中国基础产业的水平。

2. 储能技术及设备、系统集成技术研究

储能可以从源网荷方面为可再生能源系统提供灵活性，在未来能源建构中可以起到基础支撑作用。储能可以储电、储冷热、可转变成燃料储存。储电技术更是种类繁多，不同的场景需要不同的储能技术。需要研究不同应用场景下的储电技术。鉴于储冷热比储电便宜，在能源消耗中直接用冷和热的量很大，要给予储冷热技术足够的重视。

3. 高比例可再生能源并网调控智能电网技术

目前可再生能源并网消纳问题突出。随着可再生能源比例越来越大，需要持续研究高比例可再生能源并网调控智能电网技术，特别是如何构建100%可再生能源的电力系统，需要研究可再生能源发电并网支撑技术、可再生能源集群协同优化控制、灵活资源协调调控技术等关键技术。

四、支撑行业技术持续发展能力建设

在支撑行业技术持续发展能力建设方面，尤其需要进行行业公共研究平台技术研究及平台建设，需要建立支撑新产品研发和市场准入的第三方公立的公共研究测试平台。参照欧美日本国家实验室建立的支撑行业可持续发展的公共研究测试平台的内容，中国迫切需要公共平台相关测试技术、设计集成技术及相关的测试规范标准，填补相关空白。

1. 海上风电公共测试技术研究、设备研制及系统集成技术

海上风电包括远海和深海风电，是风电技术发展的热点和主要方向，产业前景巨大。需要重点关注和深入研究的技术方向：10兆瓦以上海上风电机组传动链的测试及系统集成技术；海上风电机组现场测试和实证技术；100米以上长度风电叶片的测试技术，支撑建立相关的测试平台。

2. 新型能源集成系统研究测试平台

未来的能源架构和现有的能源架构有很大的不同，包含高比例的可再生能源、氢能、储能等。需要研究电力系统及能源系统在集成这些新的因素后

的系统特性，同时需要研究测试这些新要素的特性。美国可再生能源实验室在约十年前就专门建立了"能源集成系统"研究测试平台。中国还没有国家级的类似综合性平台。

3. 光伏电池及系统的公共研究测试平台

随着各种不同及新型光伏电池技术的发展，需要完善和建立国家级的公共研究测试平台，支持新技术的研发和新产品进入市场。各种"光伏+"利用的范围越来越广，也需要建立和完善系统性能测试和实证平台。

4. 绿色氢能全链条公共测试技术研究、设备研制及系统集成技术

中国可再生能源制氢及储运用环节还在形成产业化的初期，强烈建议参照发达国家国家实验室的做法，在产业化之前建立国家级的全链条的公共研究测试平台，并探讨适合中国特点的国家级公共平台的运营管理模式。

第三节　关于中国清洁能源发展政策与机制建议

当今时代，全球能源领域正处于战略和结构的变革期，能源消费体系的低碳绿色演进、供需格局的深入调整、地缘政治环境的日趋复杂、应对气候变化履约的刚性约束、新一轮技术革命的兴起等不断衍化与动态调整的发展趋势，促使新世纪能源的开发利用方式、清洁能源技术应用、现代能源体系重塑等的深度发展及发生新的变革。在全球能源危机与博弈、应对气候变化的大背景下，特别是《巴黎协定》的签署及"创新使命"框架下，"化石能源清洁化、低碳能源规模化、终端用能高效化、能源系统智能化、能源来源多元化以及能源技术变革高深化"等都已成为发达国家能源转型战略的核心内容。这些深刻变化，势必将对中国未来能源体系的重构、能源战略转型以及清洁能源快速发展等产生深远影响。

一、中国发展清洁能源技术的机制优势

中国清洁能源技术近些年来取得了世界瞩目的巨大成就，特别是在可再生能源产业领域。中国在风电、光伏、太阳能热利用等方面年新增和累计装机容量多年保持世界第一。光伏全产业链产品全球市场占有率：多晶硅超过60%，硅锭硅片近90%，光伏电池和组件超过70%，逆变器约60%。光伏产业化技术世界领先，实验室研发水平也大幅提高。产业化单晶硅和多晶硅组件产品的世界纪录都是中国的。近几年实验室电池的世界纪录中国占据三席，填补了多年没有中国光伏电池世界记录的空白。生产装备的国产化率达到90%，进口装备也是根据中国企业的需要开发。过去十年，中国光伏组件、光伏系统的价格和光伏上网电价平均下降了90%以上，引领全世界光伏技术实现了平价上网。光伏发电已成为中国为数不多的、可同步参与国际竞争并在产业化方面取得领先优势的产业。取得如此成绩，中国发展清洁能源技术在机制方面有一定优势。

1. 对环境、气候变化高度重视，明确提出能源革命的战略构想，低碳、清洁、安全、高效成为发展中国绿色能源技术的基本要求。

思想认识的改变是实现变革的先决条件，特别是现在正处于能源架构的变革时期。清洁低碳的可再生能源的高比例、大规模利用是实现巴黎气候大会目标的主要手段之一。习近平主席早就提出了能源革命的重要思想，提出了绿水青山就是金山银山，为建设美丽中国指明了方向。变革时期有各种不同的观点是很正常的。国家政府层面对趋势和方向的准确把握，对推进和加快清洁能源技术的发展至关重要。

"十三五"期间，为推进清洁能源的创新发展，中国政府从国家层面，积极推进清洁能源的快速发展与应用，相继制定并出台相关战略规划与促进政策，比如相继制定《能源发展战略行动计划（2014～2020年）》《能源发展

"十三五"规划》《石油天然气发展"十三五"规划》《清洁能源消纳行动计划（2018～2020 年）》等战略规划；同时，积极出台了《互联网+智慧能源发展的指导意见》《2018 年能源工作指导意见》等推进清洁能源发展与应用的相关政策，极大地促进了中国清洁能源技术与产业的蓬勃发展。特别是化石能的清洁利用步伐加速，可再生能源与氢能的发展积极推进，新一代核能技术实现不断创新。

2. 形成了国家财政科技投入引领、地方政府积极跟进、企业作为产业创新投入主体的科技创新机制，保证中国清洁能源产业技术的持续进步。

中国已经形成从基础研究到产业化的完整创新体系。中国在基础研究方面还有待加强，但在产品技术和产业规模方面能很快做到国际领先，和中国的技术研发创新体系支撑产业技术的持续发展进步密切相关。中国科技部、中国科学院、教育部领导高等学校、科研机构和产业的基础研究及公共关键技术研究，为科技的发展奠定基础、提供支撑及指明方向。国家发展改革委、国家能源局、中国工信部等部委支持高新产品首台首套研制、创新技术示范推广及产业技术提高，引导产业和技术的发展。各地方政府在国家和行业政策的引导下加大投入力度，成为中国科技投入的重要部分。产业界对新技术、新产品的研发越来越重视，加大投入力度，真正成为了中国科技投入的主体。中国近些年产业技术的巨大进步表明了科技创新体系的有效性。

3. 全国一盘棋的管理机制，提高了全社会对清洁能源技术的认识水平，大大促进了新技术的推广和可再生能源技术的规模化利用。

中国在国家层面制定中长期发展规划、五年发展计划和年度计划，并领导和监督实施及组织管理，保证了国家目标的实现。为了促进新技术的规模利用和新产品的升级换代，国家能源局实施了光伏技术的领跑者计划，大大促进了中国光伏产业的技术进步。根据中国能源资源和负荷逆向分布的特点，中国制定了跨省输送消纳可再生能源的相关机制。光伏扶贫为扶贫创出了一条新路，同时促进了可再生能源的推广应用。这些都促进了可再生能源的利用规模，大大提高了公众对可再生能源技术的认识。从认为可再生能源是垃圾电到现在大规模的并网应用，从光伏、风电成本高于化石能源数倍乃至十几倍到现在已经可以实现平价上网，其发展速度超出了大多数人的想象。可以说中国产品领导并大大缩短了全世界光电、风电平价上网的历程。中国发展可再生能源技术全国一盘棋的机制起到了主要作用。

4. 中国有完善的产业链，从 1 到 N 的能力突出，保证了中国清洁能源产品的领先地位。

由于历史原因，中国基础研究薄弱。近代新的行业、从 0～1 全新的技术和产品基本都来自西方。截至目前中国创造全新行业、全新产品能力一般。为什么中国光伏、风电行业能做到产品技术、产业技术领先，产业规模在世界上处于主导地位？原因可能很多，主要原因得益于国际光电、风电等主流的技术路线没有变。中国从初期把产业规模和产品价格作为竞争的主要手段，到通过全链条各环节技术的持续改进和提高以及降低成本，产业竞争压力巨大及企业决策效率很高，加之中国人民的勤劳、务实、不服输等优秀品质，使中国可再生能源产业取得了现在的领先地位。

二、政策与机制建议

技术创新是关键，非技术因素同样重要。中国在光伏和风电设备方面有全世界性价比最好、价格最便宜的设备。中国的太阳能、风能资源也很丰富，但中国的光伏、风电的上网电价在世界上处于中等水平，主要原因是非技术成本如土地、电网接入成本、资金成本、项目审批成本等偏高，加之可再生能源专项补贴资金的缺口较大，迟补欠补已超过 2 000 亿以上，对中国可再生能源产业的发展影响明显。特别是光伏产业是中国为数不多的在国际上有话语权、定价权的行业，保持产业技术和市场领先地位面临巨大压力。

在"创新使命"框架下，中国清洁能源科技管理，将在国家科技管理的整体架构下，在考虑国家清洁能源的发展战略、适应清洁能源科技发展本身内在规律的基础上，参考并借鉴一些发达国家的科技管理经验，对清洁能源的科技管理做出适时的调整与改革，逐步打造并建立适合中国国情的清洁能源科技管理模式，以推进清洁能源的快速、可持续发展。

1. 确保国家财政对清洁能源科技投入的引领地位，加大投入力度和统筹协调，推进资源的优化配置，提高利用效率。

伴随中国进入经济发展新常态，经济增长模式、科技投入方式将面临新的战略机遇，应提高中央财政清洁能源科技投入占国家财政支出的比重，逐步提升财政科技投入的引领地位，增进国家科技财力利用效力。一是进一步落实国家有关科技法规及政策，强化清洁能源财政科技投入的优先地位，把增加科技投入作为提高清洁能源技术竞争力的战略举措。二是"十三五"时期，中国处于依靠科技支撑经济结构调整和增长方式转变的关键时期，借鉴发达国家的经验，确保清洁能源财政科技投入年均增速幅度不低于财政收入增幅。

未来科技计划的管理，应遵循《深化中央财政科技计划（专项、基金等）管理改革方案》（简称《方案》）的要求，调整国家科技计划投入重点，强化薄弱环节，切实落实科技计划重大任务。在聚焦重大任务和重点领域、优化资源配置方面，对已经确立的五大类科技计划，根据国家清洁能源科技发展需求，确立支持的力度与方式，超前部署清洁能源前沿技术，加大清洁能源在基础研究、科技基础创新能力建设和创新人才培育等方面的投入力度。

适当调整科技投入配置结构，加大对清洁能源薄弱环节的支持。主要包括在国家科技计划、基本科研业务和公益性行业科研投入中，提高清洁能源投入保障水平；加强对清洁能源科技成果产业化二次技术开发和国际科技合作等投入力度；加快支持方式创新，不断完善清洁能源科技成果转化引导基金。此外，还应统筹清洁能源相关科技计划投入，更好发挥科技应对清洁能源创新的推进作用。

国家清洁能源科技财力资源统筹协调，需要理顺科技部门与财政部门、其他科技部门、行业部门的关系，切实履行和发挥科技行政主管部门的职责。一方面，建立有效的清洁能源科技投入资源源头配置工作机制，在中央财政科技投入初次分配中，听取和征集国家科技行政主管部门意见。各部门在上报预算的同时，涉及科技预算报送科技行政主管部门备案。财政部门在核定各部门有关科技预算时，应加强与科技行政主管部门之间沟通，防止重复部署。同时，财政部门在调整科技计划和分配财政投入时，应有科技行政主管部门参与。

为深入推进科技计划管理改革，落实国务院《方案》要求，通过完善国家科技管理信息系统公共服务平台结构，优化科技计划（专项、基金等）布局，整合现有科技计划（专项、基金等），进而加强清洁能源科技计划管理顶层设计和合理布局，强化部门之间、中央和地方之间的沟通协调，整合全社会科技力量和资源，提高科技资源利用效率，确保清洁能源科技发展战略顺利实施。

2. 根据清洁能源技术发展趋势，制定中国未来清洁能源技术发展的路线图，明确不同的能源种类在未来能源架构中的地位和作用。

对未来能源的架构和各种不同清洁能源的技术发展趋势和经济性，社会上还有很多不同的认识。由于能源跨多学科，人们一般只对自己从事的专业领域熟悉，缺乏对未来能源架构和不同的能源种类发展的路线图量化以及系统的研究分析。能源行业不同领域的专家也有不同的认识。任何新生的事物都需要逐渐被认识和了解的渐进过程。在能源领域，相当多的人过去认为化石能源现在及未来都起决定性作用，可再生能源不能起主要作用，离不开大电网，100%可再生能源系统技术经济不可行，甚至认为可再生能源是垃圾电。然而，经过这些年的逐渐发展和可再生能源的出色表现，现在全社会基本达成共识：未来需要清洁、低碳、安全、高效的能源技术；可再生能源可提供所有的用能需求；100%可再生能源经济技术可行；未来是可再生能源时代。

分歧主要是需要多长时间到达可再生能源时代。在未来能源系统的技术形态和发展路径上也有不同的观点，有的认为未来是全球能源互联网；有的认为未来不需要大电网，分布式能源和微网就可以了。对储能特别是氢能在未来能源架构中的作用也有不同的认识。基本形成的共识是未来是智慧能源系统：多能互补、冷热电联供，源网荷一体化考虑，跨界融合；可再生能源的比例持续增加，化石能源持续下降；智能电网、储能在未来能源系统中发挥重要作用。量化分析研究制定中国的清洁能源发展路线图，并持续跟踪改进，对中国能源技术的发展有重要的战略意义。

3. 打破既有利益格局，从国家和全行业层面按技术经济性最优原则，充分利用不同清洁能源种类的特性，科学合理发挥各种能源的作用。

在国家和未来能源架构层面，要及时根据不同的发展阶段调整不同能源种类的定位和作用。当前中国可再生能源规模化利用突出的问题之一是并网和消纳问题。如果把火电的调节功能利用起来，甚至把火电未来定位成以作为调节电源为主，则可再生能源的并网消纳问题在未来相当长的时间内可基本解决，成本要比目前大规模的电储能经济得多。当然需要制定政策使火电按调节电源起的作用给予高的调节电价，使之能够健康生存发展。

在区域发展可再生能源技术方面，打破地域分割，按技术经济性最优原则构建能源系统架构，降低能源利用成本。全国一盘棋是中国的制度优势。中央各部委、中央和地方、地方之间的协同有很大的机制改进空间。打破现有的以省为单位的考核体系，跨省输送和消纳可再生能源对可再生能源规模的增加起到了很好的作用。可再生能源的开发利用成本和资源、负荷的距离密切相关。中国资源和负荷的逆向分布，需要深入研究分析集中开发远距离输送与就地开发分布式可再生能源的技术经济性。现在中国正在推进京津冀一体化，在可再生能源开发方面，开发张家口、承德等风能太阳能丰富地区的资源在整个京津冀区域统一考虑消纳，比在北京开发分布式可再生能源应该是更经济的。

在具体项目和技术选择层面，也需要按实际所能发挥的作用制定政策，按技术经济性对不适合的规定进行及时调整。国际上发展并网光伏系统，基本是从最具经济性的户用开始的，因为户用电的成本和价格最高。光伏代替这部分用电最具经济性。中国由于民用电不是按成本计算，价格低，开始发展屋顶户用系统需要的度电补贴反而更高。中国基本是按补贴成本最低来确定项目开发顺序。由于现有电价体系有很多场合不是按价值规律定价，使现有的政策有时不是按技术经济性最好、国家投入最低为原则。太阳能热发电最大的优点是储热比储电的经济性要好得多。太阳能热发电主要发挥其储热对电网的调节和基荷作用。现在的太阳能热发电给予固定的上网电价，和光伏、风电比，上网电价无法发挥其优势。只有制定调节电价，发挥太阳热发电的调节优势，才可能使其技术真正有经济性，才能大规模推广应用。现在越来越多的省份开发风电和光电要配一定比例的储能，但又没有相关政策使配储能有盈利模式。从技术经济性而言，要从整个电力系统的角度考虑相关区域源网荷的特性，科学选择配置储能的位置和容量。一味要求电源侧按比例配储能，既不经济，更不科学，需要尽快制止调整。中国风电、光电的累计安装容量已经超过4亿千瓦，配无功调节投入超过40亿元，并且无功调节还要消耗电能、占地并增加故障点，而在技术上利用风电变流器和光伏逆变器完全可以实现电网要求的功能。科技部立项研究也从理论和实践证明不另配无功调节的可行性，现在的光伏电站和风电场在规范中要配无功调节的现象急需改进。

这些发展中的问题也说明除了技术进步，降低成本外，非技术成本降价的潜力也很大。大力发展可再生能源不仅仅是由于其环境的友好性，更是因为其具有技术经济性。

4. 完善支撑产业可持续发展的可再生能源技术创新体系。

中国已经建立了较完善的技术创新体系，支撑中国可再生能源产业的健康持续发展，但在有些方面还需完善和提高。

基础和应用基础研究亟待加强：中国在可再生能源领域的原创技术基本来源于国外。缺少从 0～1 的技术创新能力，工具软件差距大，基本空白。如果产业的技术路线发生颠覆性，中国创造全新产业能力的差距将使现有的产业优势成为劣势。

国家层面建立公共研究实验平台。国际上的国家实验室一般在产业形成前建立平台。中国需要补课，支撑中国建立从 0～1 的能力。在机制方面，需要加强对行业发展战略的研究。对基础工具的长期支持积累的机制没有建立。行业的工具软件基本来自国外，需要补课及建立鼓励开发工具软件的有效机制。现有的国家关键技术研发体系缺乏对失败的宽容。

中国科技界缺乏提供产业界产品技术整体解决方案的能力，部分原因是产、学、研还存在脱节，对知识产权的保护还需进一步加强。这是产生技术型企业和强大企业的重要条件之一。

5. 高度重视可再生能源技术的发展，设立 2030 可再生能源重大工程项目。

发展可再生能源是中国的百年大计。当前中国能源发展处于重要战略机遇期，为适应经济发展新常态，有效应对能源发展的重大问题与挑战，必须实现化石能源的清洁化与高效化，大力发展风能、太阳能、生物质能、氢能与智能电网，使之成为推动中国能源革命的中坚力量；坚定不移地贯彻创新驱动战略，充分发挥科技引领作用，实现构建清洁低碳、安全高效能源体系的战略目标，全面提高能源产业可持续发展能力。

中国在巴黎气候大会上，作为"创新使命"的发起国之一，承诺清洁能源的政府科技投入五年内翻番。国家对能源技术非常重视，批准启动 2030 重大项目"智能电网""煤炭清洁高效利用"，在 2030 年前国家提供数百亿的经费支持发展。智能电网技术为可再生能源的发展提供了大规模接入电网的技术保障。洁净煤技术的灵活性发电技术、煤转化技术为可再生能源发展提供了巨大的市场发展空间。相比智能电网和洁净煤技术，可再生能源是后起之秀，未来肩负成为主导能源的重大使命。其技术进步和成本下降的空间巨大。可再生能源是未来能源革命和能源结构变革的主要推动力，需要得到国家乃至全社会的高度关注和重点支持。

附录一　中国"十二五"期间清洁能源研发投入调研单位名单

序号	单位名称	单位性质
1	中华人民共和国科技部	国家部委
2	国家发展和改革委员会	国家部委
3	国家能源局	国家部委
4	中华人民共和国国土资源部	国家部委
5	国家海洋局	国家部委
6	中华人民共和国住房和城乡建设部	国家部委
7	中华人民共和国水利部	国家部委
8	中华人民共和国教育部	国家部委
9	中华人民共和国财政部	国家部委
10	中华人民共和国工业和信息化部	国家部委
11	中华人民共和国环境保护部	国家部委
12	中华人民共和国交通运输部	国家部委
13	中华人民共和国农业部	国家部委
14	国务院国有资产监督管理委员会	国家部委
15	国家质量监督检验检疫总局	国家部委
16	国家统计局	国家部委
17	中国科学院	国家部委
18	国家自然科学基金委员会	国家部委

续表

序号	单位名称	单位性质
19	中国工程物理研究院	计划单列科研生产单位
20	中国石油天然气集团公司	中央企业
21	中国石油化工集团公司	中央企业
22	中国海洋石油总公司	中央企业
23	中国中化集团公司	中央企业
24	中国化工集团公司	中央企业
25	中国化学工程集团公司	中央企业
26	中国核工业集团公司	中央企业
27	中国核工业建设集团公司	中央企业
28	中国广核集团有限公司	中央企业
29	国家电网公司	中央企业
30	中国南方电网有限责任公司	中央企业
31	中国华能集团公司	中央企业
32	中国华电集团公司	中央企业
33	国家电力投资集团公司	中央企业
34	中国国电集团公司	中央企业
35	中国大唐集团公司	中央企业
36	中国长江三峡集团公司	中央企业
37	华润（集团）有限公司	中央企业
38	中国电力建设集团有限公司	中央企业
39	中国能源建设集团有限公司	中央企业
40	神华集团有限责任公司	中央企业
41	中国中煤能源集团公司	中央企业
42	中国煤炭科工集团有限公司	中央企业
43	中国第一汽车集团公司	中央企业
44	东风汽车公司	中央企业
45	中国建筑科学研究院	中央企业
46	中国建筑设计研究院	中央企业

序号	单位名称	单位性质
47	机械科学研究总院	中央企业
48	哈尔滨电气集团公司	中央企业
49	中国中车集团公司	中央企业
50	中国第一重型机械集团公司	中央企业
51	中国东方电气集团有限公司	中央企业
52	国家开发投资公司	中央企业
53	中国航天科技集团公司	中央企业
54	中国航天科工集团公司	中央企业
55	中国航空工业集团公司	中央企业
56	中国电子科技集团公司	中央企业
57	中国中材集团公司	中央企业

附录二　化石燃料的清洁利用领域"十三五"期间的优先技术方向

序号		技术方向
1	煤炭高效发电	新型超临界 CO_2、CO_2/水蒸汽复合工质循环发电基础研究
		超临界循环流化床锅炉技术研发与示范
		超高参数高效率燃煤发电技术
		CO_2 近零排放的煤气化发电技术
		超低挥发分碳基燃料清洁燃烧关键技术
		高效灵活二次再热发电机组研制及工程示范
		新型高碱煤液态排渣锅炉关键技术
		超低 NO_x 煤粉燃烧技术
		燃煤发电机组水分回收与处理技术
		700 摄氏度等级超超临界发电技术
2	煤炭清洁转化	低变质煤直接转化反应和催化基础研究
		煤热解气化分质转化制清洁燃气关键技术
		煤转化废水处理、回用和资源化关键技术
		合成气直接转化制燃料及化学品催化基础与新途径
		新型煤气化制清洁燃气技术
		煤温和加氢液化制高品质液体燃料关键技术与工艺
		先进煤间接液化及产品加工成套技术
		大规模水煤浆气化技术开发及示范

续表

序号	技术方向	
2	煤炭清洁转化	大规模干煤粉气流床气化技术开发及示范
		低阶煤分级分质清洁高效转化利用技术开发及示范
		合成气（或热解气）甲烷化新技术
		煤与重油或煤焦油共加氢及产品加工关键技术
		合成气高效合成醇类化学品关键技术
		煤基甲醇制燃料和化学品新技术
		基于发电的煤炭热解燃烧多联产技术
3	燃煤污染控制	燃煤 $PM_{2.5}$ 及 Hg 控制技术
		燃煤污染物（SO_2，NOx，PM）一体化控制技术工程示范
		燃煤烟气硫回收及资源化利用技术
		粉煤灰高值化利用技术
		燃煤电厂新型高效除尘技术及工程示范
		燃煤过程中砷、硒、铅等重金属的控制技术
		燃煤过程有机污染物排放控制技术
4	二氧化碳（CO_2）捕集利用与封存	基于 CO_2 减排与地质封存的关键基础科学问题
		基于 CO_2 高效转化利用的关键基础科学问题
		CO_2 烟气微藻减排技术
		用于 CO_2 捕集的高性能吸收剂/吸附材料及技术
		膜法捕集 CO_2 技术及工业示范
		煤炭富氧燃烧关键技术
		煤的化学链燃烧和气化技术
		CO_2 驱油技术及地质封存安全监测
		CO_2 驱煤层气富集分离关键技术
		CO_2 矿化技术
		CO_2 高效合成化学品关键技术
5	工业余能回收利用	工业含尘废气余热回收技术
		低品位余能回收技术与装备研发
		高温固体散料高效余热回收技术

续表

序号		技术方向
5	工业余能回收利用	液态熔渣高效热回收与资源化利用技术
		冶金、化工炉窑及系统节能减排关键技术
		电机及电机系统的高效节能技术
		流体机械节能与系统智能调控技术
6	工业流程及装备节能	流程工业系统优化与节能技术
		工业炉窑的节能减排技术
		工业流程及装备节能
		高效节能气体制备技术
		全氧/富氧冶金高效清洁生产工艺和技术
		工业锅炉节能与清洁燃烧技术
7	数据中心及公共机构节能	数据中心节能关键技术研究
		公共机构高效用能系统及智能调控技术研发与示范
		公共机构高效节能集成关键技术研究

附录三　可再生能源领域"十三五"期间的优先技术方向

序号		技术方向
1	太阳能	钙钛矿/晶硅两端叠层太阳电池的设计、制备和机理研究
		柔性衬底铜铟镓硒薄膜电池组件制备、关键装备及成套工艺技术研发
		高效 P 型多晶硅电池产业化关键技术
		可控衰减的 N 型多晶硅产业化电池关键技术
		双面发电晶硅电池产业化关键技术
		晶硅光伏组件回收处理成套技术和装备
		新型光伏中压发电单元模块化技术及装备
		分布式光伏系统智慧运维技术
		典型气候条件下光伏系统实证研究和测试关键技术
		超临界 CO_2 太阳能热发电关键基础问题研究
		稳定大面积钙钛矿电池关键技术及成套技术研发
		新结构太阳电池研究及测试平台
		新型太阳电池关键技术研发
2	风能	风力发电复杂风资源特性研究及其应用与验证
		15 兆瓦风电机组传动链全尺寸地面试验系统研制
		大型海上风电机组叶片测试技术研究及测试系统研制
		面向深远海的大功率海上风电机组及关键部件设计研发
		大型海上风电机组多场耦合性能测试与验证关键技术

续表

序号		技术方向
3	生物质能	纤维素类生物质生物、化学、热化学转化液体燃料机理与调控
		纤维素类生物质催化制备生物航油技术
		纤维素类生物质水（醇）解制备酯类燃料联产化学品技术
		农业秸秆酶解制备醇类燃料及多联产技术与示范
		林木资源生物共转化醇类燃料与增值联产技术
		低质生物质气化合成混合醇燃料技术
		生物质连续化制备高品质生物柴油关键技术
4	地热能与海洋能	干热岩能量获取及利用关键科学问题研究
		海洋能资源特性及高效利用机理研究
		深部碳酸盐岩热储层强化增产与利用综合评价技术
		砂岩热储层采灌增效技术及装备
		温差能转换利用方法与技术研究
		高效高可靠波浪能发电装置关键技术研发
5	氢能	太阳能光、光电催化/热分解水制氢基础研究
		基于储氢材料的高密度储氢基础研究
		高效固体氧化物燃料电池退化机理及延寿策略研究
		基于低成本材料体系的新型燃料电池研究
		兆瓦级固体聚合物电解质电解水制氢（PEM）技术
		质子交换膜燃料电池长寿命电堆工程化制备技术
		固体氧化物燃料电池电堆工程化开发
		燃料电池电堆及辅助系统部件测试技术
		车用膜电极及批量制备技术
		车用燃料电池空压机研发
		车用燃料电池氢气再循环泵研发
		70兆帕车载高压储氢瓶技术
		70兆帕加氢站用加压加注关键设备
		车载液体储供氢技术
		燃料电池车用氢气纯化技术

序号		技术方向
5	氢能	加氢站用高安全固态储供氢技术
		加氢关键部件安全性能测试技术及装备
6	可再生能源耦合与系统集成	风电场、光伏电站生态气候效应和环境影响评价研究
		特色小镇可再生能源多能互补热电联产关键技术
		独立运行的微型可再生能源系统关键技术研究
		大规模风/光互补制氢关键技术研究及示范
		可再生能源与火力发电耦合集成与灵活运行控制技术

附录四 核能领域"十三五"期间的优先技术方向

序号		技术方向
1	核安全科学技术	严重事故下堆芯熔融物行为与现象研究
		放射性废物减容与减害技术研究
		风险指引的安全裕度特性分析技术研究
		反应堆严重事故分析程序研发
		严重事故下安全壳系统性能研究
		核电站实时风险监测评估与管理技术研究
		在役核电站重要构筑物及设备材料老化退化行为规律和预测模型研究
2	先进创新核能技术	核燃料元件性能先进分析模型与方法研究
		超高温气冷堆理论设计及关键设备研究
		新型空间核反应堆技术
		先进核燃料元件设计研究及材料研制
		高温气冷堆超高温特性研究与实验验证研究
		新型海洋核反应堆技术

附录五 智能电网领域"十三五"期间的优先技术方向

序号		技术方向
1	大规模可再生能源并网消纳	高比例可再生能源并网的电力系统规划与运行基础理论
		大型光伏电站直流升压汇集接入关键技术及设备研制
		分布式可再生能源发电集群灵活并网集成关键技术及示范
		支撑低碳冬奥的智能电网综合示范工程
		可再生能源发电基地直流外送系统的稳定控制技术
		常规/供热机组调节能力提升与电热综合协调调度技术
		多能源电力系统互补协调调度与控制
		大容量风电机组电网友好型控制技术
		分布式光伏多端口接入直流配电系统关键技术和装备
2	大电网柔性互联	±1100千伏直流输电关键技术研究与示范
		±500千伏直流电缆关键技术
		500千伏及以上电压等级经济型高压交流限流器的研制
		500千伏高压直流断路器关键技术研究与示范
		大电网智能调度与安全预警关键技术研究及应用
		大型交直流混联电网运行控制和保护
		互联大电网高性能分析和态势感知技术
		环保型管道输电关键技术
		柔性直流电网故障电流抑制的基础理论研究

续表

序号	技术方向	
2	大电网柔性互联	特高压设备安全运行与风险评估方法（基础研究类）
		高压大容量柔性直流输电关键技术研究与示范
		超导直流限流器的关键技术研究
		超导直流能源管道的基础研究
3	多元用户供需互动用电	城区用户与电网供需友好互动系统
		电力光纤到户关键技术研究与示范
		工业园区多元用户互动的配用电系统关键技术研究与示范
		智能配电网微型同步相量测量应用技术
		智能配电柔性多状态开关技术、装备及示范应用
		电网信息物理系统分析与控制的基础理论与方法
		中低压直流配用电系统关键技术及应用
		海上多平台互联电力系统的可靠运行关键技术研究
		电力系统终端嵌入式组件和控制单元安全防护技术
		面向新型城镇的能源互联网关键技术及应用
4	多能源互补的分布式供能与微网	基于能的综合梯级利用的分布式供能系统
		交直流混合的分布式可再生能源技术
		多能互补集成优化的分布式能源系统示范
		可再生能源互补的分布式供能系统关键技术研发与示范
		分布式光伏与梯级小水电互补联合发电技术研究及应用示范
5	智能电网基础支撑技术	10兆瓦级先进压缩空气储能技术
		100兆瓦级电化学储能技术
		10兆瓦级液流电池储能技术
		兆瓦级先进飞轮储能关键技术研究
		大功率电力电子装备用中高频磁性元件关键技术
		大容量电力电子装备多物理场综合分析及可靠性评估方法的研究
		柔性直流输电装备压接型定制化超大功率 IGBT 关键技术及应用
		钠基二次电池的基础科学与前瞻技术研究

续表

序号		技术方向
5	智能电网基础支撑技术	海水抽水蓄能电站前瞻技术研究
		特高压电气设备用纳米复合绝缘材料与应用关键技术
		能源互联网的规划、运行与交易基础理论
		高功率低成本规模储能器件的基础科学与前瞻技术研究
		高安全长寿命固态电池的基础研究
		梯次利用动力电池规模化工程应用关键技术
		液态金属储能电池的关键技术研究
		碳化硅大功率电力电子器件及应用基础理论

附录六 新能源汽车领域"十三五"期间的优先技术方向

序号		技术方向
1	动力电池与电池管理系统	动力电池系统技术
		动力电池测试与评价技术
		动力电池新材料新体系
		高比功率长寿命动力电池技术
		高比能固态锂电池技术
		高比能量锂离子电池技术
		高比能锂/硫电池技术
		高安全长寿命客车动力电池系统技术
		高安全高比能乘用车动力电池系统技术
		高安全高比能锂离子电池技术
2	电机驱动与电力电子总成	一体化驱动电机系统研制
		电机驱动控制器功率密度倍增技术
		宽禁带半导体电机控制器开发和产业化
		轿车高可靠性车载电力电子集成系统开发
		高效轻量化轮毂电动轮总成开发
		高效轻量高性价比电机技术及产业化
		高温电力电子学及系统评测方法研究
		商用车高可靠性车载电力电子集成系统开发
		基于碳化硅技术的车用电机驱动系统技术开发

续表

序号		技术方向
3	电动汽车智能化技术	电动自动驾驶汽车技术
		电动汽车智能辅助驾驶技术
		自动驾驶电动汽车环境感知技术
		自动驾驶电动汽车测试与评价技术
		自动驾驶电动汽车集成与示范
		智能电动汽车电子电气架构研发
		智能电动汽车信息感知与控制关键基础问题研究
4	燃料电池动力系统	中德燃料电池汽车国际科技合作
		公路客车燃料电池动力系统及整车集成技术
		长寿命燃料电池发动机研发
		电堆过程建模仿真、状态观测及寿命评价方法研究
		全功率轿车燃料电池动力系统平台及整车集成技术
		快速动态响应燃料电池发动机研发
		高比功率燃料电池发动机研发
		高性能低成本燃料电池关键材料及电堆的关键技术研究与工程化开发
		增程式燃料电池轿车动力系统平台及整车集成技术
		燃料电池公交车电——电深度混合动力系统及整车集成技术
		燃料电池汽车示范
		燃料电池基础材料与过程机理研究
5	插电/增程式混合动力系统	主流构型插电式乘用车混合动力性能优化
		主流插电式轿车混合动力性能优化
		高性价比商用车混合动力系统开发与整车集成
		混合动力发动机开发
		插电/增程式混合动力系统构型与动态控制方法研究
		超级节能型重型载货汽车混合动力系统开发研究
		新型高性价比乘用车混合动力总成开发与整车集成
		新型高性价比乘用车混合动力总成开发与整车集成
		增程器系统开发与整车集成

续表

序号		技术方向
6	纯电动力系统	N_2/N_3 类高性能纯电动商用车动力平台技术
		分布式纯电动轿车底盘开发
		电动汽车结构轻量化共性技术
		电动汽车基础设施运行安全与互联互通技术
		纯电动大客车动力平台技术
		轻量化纯电动轿车集成开发技术
		高性能低能耗纯电动轿车底盘及整车开发
		高性能纯电动运动型多功能汽车（SUV）开发
		基于新型电力电子器件的高性能充电系统关键技术

附录七 "创新使命"行动计划（2017 年发布）

一、 "创新使命"目标

"创新使命"的目标是加快清洁能源创新的步伐，以实现性能突破和成本降低，从而在未来 20 年及更久的时间里为全世界提供广泛可负担的、可靠的清洁能源解决方案。

到 2020 年年底，"创新使命"将帮助实现：

1. "创新使命"成员在国家层面大幅增加公共部门对清洁能源研发的投资；

2. 增加私营部门在能源创新方面的参与和投资，特别是在关键的创新挑战方面；

3. 建立许多新的或加强自愿跨境能源创新网络和伙伴关系，加强创新者的参与，加快应对特定创新挑战的进程；

4. 进一步提升"创新使命"成员的意识，使其更加了解能源创新的转型潜力、正在取得的进展以及仍然存在的关键清洁能源创新差距和机遇，建立更广泛的清洁能源联盟。

二、工作流程优先事项

本部分介绍到 2020 年年底实现"创新使命"目标的工作流程优先事项，以及目前对高层交付计划的思考。每个工作流程的详细工作计划已拟订或正在拟订中。这些计划将包括更详细的指标，通过这些指标可以监测进展和成效。

（一）鼓励公共部门支持清洁能源研究和创新

1. 对"创新使命"目标的贡献：与"创新使命"国家寻求在五年内将政府或国家主导的清洁能源研发投资增加一倍的承诺一致。该工作流程将促进公共部门加大对清洁能源研发的支持。它还将使人们了解在能源创新方面正在取得的进展以及清洁能源创新尚存的关键差距和机遇。

通过这一工作流程，"创新使命"将鼓励公共部门支持清洁能源研究和创新，探索消除研发和新技术监管障碍的好处，从而使清洁能源技术逐步实现市场竞争力。

2. 实施：为了能够展示成果和进展，"创新使命"成员将共享信息，并高效和灵活地收集和交流国家统计数据（国家报告），列明为促进清洁能源创新和相关研发而采取的战略、行动和投资。确定清洁能源技术的突破以及记录不断下降的成本，将对成果进行跟踪，并补充对投入的跟踪，尽可能利用现有的信息来源（如国际能源署（IEA）收集的数据）。

3. 时间轴："创新使命"目前关注的是到 2020～2021 年期间实现的创新成果。

4. 里程碑：2018 年和 2020 年的报告将展示在实现创新成果方面取得的可见进展。

（二）促进私营部门的参与和投资，特别是在关键的创新挑战方面

1. 对"创新使命"目标的贡献：该工作流程将帮助增加私营部门在能源创新方面的参与和投资，特别是在关键的能源创新挑战方面，认识到私营部门的参与是清洁能源技术的关键驱动因素。

"创新使命"与能源公司、私营部门清洁能源投资者和慈善家之间的联系是很重要的。协同效应将为该领域的创新研究提供更多的资金，并加快（规模化）市场商业化的速度。创新清洁能源技术和解决方案的持续市场竞争力将促进性能和成本的进一步改善，并为新的突破铺平道路。

2. 实施：

该工作流程下的活动将首先集中在如何调整与"创新使命"相关的研发领域，以便最有效地鼓励更多私营部门参与，包括投资和知识共享。活动将侧重于私营部门参与的其他形式（包括网络构建、公私合作和议程设置）。

可能会与其他国际机构合作，拟定适当的衡量标准和指标。除现有能源部门一般数据以外，特别需要更多按来源、部门和地区分类的（公共和私营）清洁能源研发投资详细数据。

3. 时间轴：在最初的快速成功之后，进展将被向后加载，以使相关活动变成熟。

4. 里程碑："创新使命"将鼓励那些激励和增加私营部门在清洁能源创新方面投资的国家政策和项目。商业和投资者参与 BIE 子工作组也将支持私营部门在"创新使命"相关领域增加投资。这展示了"创新使命"活动与优先事项之间的协同作用。"创新使命"将在每年的"创新使命"部长级会议上发布适当的公告，庆祝私营部门作出的资金承诺和投资，并鼓励与其他或新的私营部门驱动的资金计划和倡议（如世界经济论坛、油气气候倡议等）实现明显的协同效应。"创新使命"将争取更好地理解清洁能源创新的投资生态系统，包括对主要参与者（企业、投资者、基金等）进行基线分析。

（三）加强国际合作，加快应对关键创新挑战的进程

1. 对"创新使命"目标的贡献：该工作流程将有助于在能源创新方面建立新的或加强自愿跨境网络和伙伴关系，促进创新者的参与，加快应对特定创新挑战的进程。它还将使人们了解在能源创新方面正在取得的进展以及清洁能源创新尚存的关键差距和机遇。

为了给该工作流程提供一个聚焦点，组织感兴趣的"创新使命"成员一起推出七项创新挑战，旨在推动全球在相关领域努力研究，减少温室气体排放，提升能源安全度，为清洁经济增长创造新的机会。

参与创新挑战完全是自愿的，是建立在共同感兴趣的"创新使命"成员的联盟之上的。如果"创新使命"成员有足够的兴趣，未来可以发起新的创新挑战。

2. 实施："创新使命"成员都表示有兴趣参与特定挑战。所有成员都参与了至少一个挑战，而且许多成员参与了多个挑战。"创新使命"成员组成的团队作为共同领导，与其他感兴趣的成员一起组织活动。分析和联合研究（AJR）工作组的主席和成员支持和协调涉及"挑战"的工作。挑战团队为每一个挑战制定了详细的工作方案，重点是四项目标：

（1）针对挑战需要什么，以及如何确定可衡量的目标和跟踪实现这些目标的进展，建立一种可改进和共享的理解机制；

（2）确定目前活动没有充分解决的关键差距和机会；

（3）为研究人员、创新者和投资者增加机会，以建立围绕挑战的支持和兴奋感，并促进参与；

（4）加强和扩大主要伙伴之间的合作，包括政府、研究人员、创新者和私营部门利益相关者。

工作方案提出了如何实现上述目标的初步想法。早期行动包括调研目前国家活动和计划，召集来自世界各地的专家组织一系列研讨会，以帮助确定

最关键的创新差距和机会。方案还描述了促进私营部门参与这些挑战的后续行动，并将逐步扩大这些行动。基于其在该领域的经验，其他国际组织（如国际能源署、国际可再生能源署等）将帮助开发针对"创新使命"目标影响的衡量措施，包括降价和更广泛的参与。

七个创新挑战，它们的目标及一些行动的例子如下所示。更多细节可参阅各个创新挑战进展摘要和工作计划。

（1）智能电网创新挑战——这项挑战旨在使未来的电网能够由经济的、可靠的、分布式的可再生电力系统供电。目前正在四个子挑战下推进工作，以便采取更有针对性的方法。每年将举行两次深度研讨会，以确定优先机会并跟踪进展。第一次研讨会与第二届"创新使命"部长级会议一起举行。关键绩效指标的制定工作也在进行中。2017 年底至 2018 年，将采取更多行动，增加私营部门参与，并促进更深入的合作。

（2）离网电力系统创新挑战——这项挑战旨在开发系统，使离网住宅和社区能够获得经济、可靠的可再生电力。正在推进的活动包括成员调研和国际专家研讨会（德里，2017 年 5 月；巴黎，2017 年 7 月），旨在为差距分析和目标设定提供信息。

（3）碳捕集创新挑战——这项挑战旨在推动发电厂和碳密集型产业实现 CO_2 零排放。其工作重点是组织一个大型国际专家研讨会（休斯顿，2017 年 9 月），以确定优先事项、差距和机会。

（4）可持续生物燃料创新挑战——这项挑战旨在研发广泛经济可负担的规模化先进生物燃料的多种生产方式，用于交通和工业。在国际能源署的支持下，与生物未来平台开展了一项联合调研，以绘制技术前景，确定关键的创新差距和机遇。

（5）太阳光转化创新挑战——这项挑战旨在揭示太阳光向可存储太阳能燃料转换的、经济可负担的多种途径。成立了一个国际专家工作组，帮助确定该挑战目标和联合行动的范围；参加多个国际科学会议，以宣传这项挑战，并让技术团体参与进来。此外，还将探索其他活动，以吸引私营部门参与，并加强和扩大成员之间的合作。

（6）清洁能源材料创新挑战——这项挑战旨在加速新型高性能、低成本清洁能源材料的探索、发现和使用。为期三天的专家研讨会（墨西哥城，2017年 9 月）计划确定研究重点、差距和机会。

（7）建筑供热制冷创新挑战——这项挑战旨在让所有人都负担得起低碳供热和制冷。六个优先创新领域被确定为合作行动的重点。对成员兴趣和计划的调研将为相关国际技术专家研讨会提供信息，确定并突出关键的创新差距和机遇。世界经济论坛也将这项挑战列为深化私营部门参与的试点领域之一。

3. 时间轴：每项创新挑战下合作活动的完成时间表均已列在各个工作方案中，其最初集中于当前的"创新使命"时间表（到 2020 年底），但可能会在此之后继续。在 2020/2021 年之前，将提供表明在实现这些目标方面取得进展的最低限度的具体证据和明确的趋势线。

4. 里程碑：每项挑战都有其各自的里程碑。每项创新挑战工作计划的进展将在"创新使命"年度部长级会议上讨论。

（四）吸引"创新使命"成员和更广泛的清洁能源团体参与，为其提供信息

1. 对"创新使命"目标的贡献：该工作流程将有助于增进"创新使命"成员和更广泛的清洁能源团体对能源创新转型潜力、正在取得的进展以及对仍存在的关键清洁能源创新差距和机遇的认识。

为了使"创新使命"的影响最大化，关键是要与"创新使命"内部、私营部门以及更广泛的清洁能源团体的许多利益相关者进行沟通，并确保他们的支持和参与。

"创新使命"成员、其他国家、创新者和投资者都将获益于正在进行的

活动、现有差距和机会信息。因此，国家和公司可以作出明智的投资决定，这将产生回报，减少非生产性重复（不妨碍健康竞争），并增加填补关键差距的可能性。

在清洁能源创新方面，包括创新挑战所涵盖的领域，有大量的、不断增长的国际活动，包含许多联合和双边伙伴计划。"创新使命"将利用这些并行倡议，并在可能的情况下争取协同效应。

与志同道合的伙伴、网络以及国际组织和机构进行外联，将有助于改善信息和专业知识的流动，从而优化投资并改善项目的交付。创建一个愿景和战略，就"创新使命"主题进行交流，这作为吸引投资和拓展合作的一种方式是一个关键的优先事项。

2. 实施：将根据"创新使命"成员和利益相关者的反馈，对"创新使命"启动以来创建的新活动范围进行描述。将对有价值的伙伴关系及其影响进行案例研究。此外，"创新使命"专题网站上的资料将为广大读者提供背景资料和最新发展情况。"创新使命"也可能会探索创建协作虚拟空间。

3. 时间轴：该工作流程由前期活动组成。大部分工作在短期和中期完成，以便更好更快地确立"创新使命"作为国际清洁能源合作战略和倡议领域的主要贡献者。

4. 里程碑：启动"创新使命"领军者计划，将有助于"创新使命"动员全世界的研究人员。每年"创新使命"部长级会议都会发布相关"创新使命"公告，如新的活动、新的活动流、各项创新挑战的进展情况等。

三、组织架构及监管

根据 2016 年 6 月在旧金山举行的首届部长级会议上"创新使命"成员达成的共识体现在"创新使命"可行框架中。"创新使命"成员独立决定其清洁能源研发资金的最佳用途。同样，参与国际合作活动是自愿的，取决于"创新使命"成员国家的决定。

然而，高层支持"创新使命"目标以及同意共享信息和鼓励私营部门参与，为希望选择加入的"创新使命"成员提供了一个独特的、富有成效的合作机会。它还为企业、工业和投资者提供了一个有吸引力的平台，让他们能够进入、了解以及参与清洁能源研发的整体创新生态系统，即从早期发现到在"创新使命"国家的市场扩张。

为了识别这些机会，可行性框架提供了方法，指导和促进"创新使命"成员之间的合作，建立了一个指导委员会，主席和成员可轮换，指导子工作组成员和各倡议领导人的工作，所有均由"创新使命"秘书处支持。指导委员会提供高级别战略指导并监督秘书处的工作。目前，所有角色的人员配备都是临时选择的。特定活动的资源来自于对特定活动感兴趣、自愿参与和推进的"创新使命"成员。

详细的活动由三个工作组指导：

1. 分析与联合研究工作组将感兴趣的"创新使命"成员聚集在一起，以开发和分享关于差距、机会和进展的见解，并就确定的创新挑战进行协调工作；

2. 商业投资工作组旨在识别和吸引新兴技术的潜在企业和投资者参与，以扩大和加强创新渠道，特别是针对已确定的创新挑战；

3. 信息共享、交流和推广活动有助于利用结合起来的知识，促进良好实践，分享专业知识，并确定、推进和使用可用的合作平台，促进存在共同兴趣的研究伙伴关系。

可以根据需要建立额外的工作组或项目团队来完成特定的任务。所有的活动都是在自愿参与的基础上进行的。任何子工作组的参与都对"创新使命"成员开放。决策是通过协商一致（在无异议的基础上）作出的。资源由参与的"创新使命"的成员直接提供，大部分是实物。

秘书处将根据需要定期提交子工作组报告。每年总结"创新使命"活动，以惠及所有"创新使命"成员，并在适当的情况下与其他利益相关者和感兴趣的各方分享这些信息。

指导委员会轮值主席的职责交接、纳入新的"创新使命"成员以及决定非"创新使命"成员观察员的角色方面的程序将会很清晰地描述出来，但不会危及"创新使命"倡议的自愿性质。秘书处将与指导委员会成员协商制定这些程序，并在 2017 年底前提交，以获得"创新使命"所有成员批准。

同样，实施商定工作计划和活动所需的资源，包括协调年度会议的准备工作，将由指导委员会审查，并在 2017 年底前提交未来资源的建议，以供"创新使命"所有成员审议。

四、 汇报

"创新使命"部长级会议计划每年举行一次，与清洁能源部长级会议一起举行。这些会议将是汇报进展、审查计划、同意"创新使命"工作计划更新和启动主要活动的主要场合。

全年将经常举行全体成员电话会议（大约每月一次），向"创新使命"官员提供最新进展情况，就计划或新倡议方案的调整进行讨论并达成一致意见。

附录八 "创新使命"行动计划:2018～2020年（2018年发布）

2018 年第三届"创新使命"部长级会议的召开标志着"创新使命"最初的五年承诺（到 2020 年年底）已经过半。这一里程碑式的时刻，是庆祝迄今取得进展的好时机，也是重振公共和私营部门努力支持"创新使命"目标的好时机。该目标是加快创新步伐，让清洁能源广泛可负担得起。

在北京举行的第二届"使命创新"部长级会议上，部长们启动了"创新使命"行动计划，并通过了四个目标。

在过去一年里,在设计和发起支持这些目标的活动方面取得了良好进展。该文件列出了一些正在进行的和拟议的主要活动。这些活动将受益于在未来几年内执行行动计划时开展的国际合作。

每一项活动都依赖 MI 成员的支持，并将持续评估所取得的成果，以确保活动产生影响。MI 成员可以根据自己的技术和政策利益，选择参加哪些活动。

一、目标 01

MI 成员国家层面公共部门在清洁能源研发方面的投资大幅增加

活动	时间表	牵头
年度成员更新：MI 将继续出版年度国家报告，重点介绍各成员为推进清洁能源创新而实施的战略、活动和公共部门投资（包括 MI 基线的增量和翻番目标的进展）。	每年	MI 秘书处
加强公共和私营部门的研发与示范数据统计：MI 成员将与包括国际能源署和国际可再生能源署在内的合作组织合作，加强数据收集，促进在国家和全球层面上改进清洁能源领域公共部门和私营部门研发和示范投资数据的跟踪。	在 MI-4 上提交改善数据收集和跟踪的报告	MI 秘书处
到 2020 年及以后的参与：MI 指导委员会主席将与所有成员合作，鼓励积极参与，并探索 2020 年以后"创新使命"的潜在下一步。	在 MI-4 上提出后续方案	MI 指导委员会主席

二、目标 02

增加私营部门在能源创新方面的参与和投资，特别是在关键的创新挑战方面

活动	时间表	牵头
商业顾问小组："创新使命"将探索成立一个由 10 个私营部门成员组成的商业顾问小组，为 MI 部长和政府官员提供意见和建议，以加快创新从研发到商业化的步伐。（2018 年 9 月前是否同意成立，视 MI 成员认可情况而定）	在 2018 年底召开第一次会议，在 MI-4 举办第二次会议	商业投资工作组
投资机会分析： 投资者风险概况：根据现有资源，"创新使命"将对与创新挑战相关的特定技术的市场约束和市场渗透潜力进行分析。	在 MI-4 上展示最初概况	商业投资工作组和分析与联合研究工作组

续表

活动	时间表	牵头
与外部组织合作：MI 将继续与外部组织合作，特别是世界经济论坛和突破能源联盟（BEC），最大限度地与私营部门合作，朝着我们共同的目标前进。 基于 MI-3 的成果，将继续探索和推进世界经济论坛最高利益的领域和白皮书"加速可持续能源创新"中的成员相关利益，由 MI 或论坛组织的联合公私对话会议主持，包括达沃斯。 将支持 BEC-MI 成员伙伴关系，包括在相关活动（如部长级会议）上推进会议。	进行中	商业投资工作组
公私合作：MI 将支持建立公私创新合作的新方法。包括： 瑞典挑战：通过公私伙伴关系促进突破性创新。获胜者将获得资金奖励，并有可能在现实的试点环境中测试他们的技术。向包括 MI 成员在内的国际伙伴开放。	在 MI-3 上发布	瑞典
国际孵化器：印度将启动一个清洁能源领域的国际孵化器，目的是利用国际合作来支持那些希望扩大解决方案以满足印度清洁能源需求的创新者，并支持那些希望通过扩大解决方案在海外产生影响的印度清洁能源创新者。	在 MI-3 上发布	印度

三、目标 03

加强许多新的或自愿的跨境能源创新网络和伙伴关系，加强创新者的参与，加快应对特定创新挑战（IC）的进程

活动	时间表	牵头
清洁能源材料（IC6）：启动一个合作研究项目，通过自主进行迭代实验加速有机和无机能源材料的发现。	MI-4	IC6 联合牵头国
建筑供热与制冷（IC7）：开发一个"舒适和气候箱"，通过国际能源署技术协作平台的合作，将供热、制冷和电力功能集成在一起。	待定	IC7 联合牵头国
氢能：启动一项氢能创新挑战（IC8），其目标是通过识别和克服在生产、分销、储存和使用十亿瓦规模氢能时的关键障碍，加快全球氢能市场的发展。	MI-3	IC8 联合牵头国

续表

活动	时间表	牵头
宣传成功经验：MI 将通过信息图表和新闻文章来发布创新挑战中出现的成功、新举措和最佳实践。	进行中	分析与联合研究工作组
国际合作：自 MI 启动以来，MI 国家参与的新国际清洁能源研发合作将通过提交的国家报告进行跟踪。	每年	MI 秘书处

四、目标 04

MI 成员和更广泛的清洁能源界更加了解能源创新的转型潜力、正在取得的进展以及仍然存在的关键清洁能源创新差距和机遇

活动	时间表	牵头
清洁能源创新全球议程：MI 将通过积极参与关键活动、在线（通过更新的 MI 网站）、社交媒体和有针对性的媒体机会，强调清洁能源创新和 MI 工作的重要性。	进行中	MI 秘书处
支持创意和创新者： MI 将与各成员合作，突出正在加速清洁能源创新的创意和创新者。 MI 2020 解决方案：每年发布和宣传 MI 2020 解决方案成功研究，MI 成员投资中出现的顶级清洁能源创新突破。 MI 领军者：MI 将庆祝并支持加速清洁能源革命的创新个人，即"MI 领军者"。第一批领军者将在 MI-4 上公布，下一批将依据资源情况，在 MI-5 上公布。	每年	MI 秘书处
评估关键清洁能源技术领域的进展：MI 将分析国际组织目前用于跟踪清洁能源技术的技术和经济进展的指标，并将对这些指标进行调整或扩展，以评估 MI 感兴趣的关键技术领域的全球创新进展	MI-4	MI 秘书处
信息共享：我们将加强成员之间的内部沟通，以促进研发重点的传播、合作机会以及最佳实践的分享。	进行中	MI 秘书处